Mes premiers projets au

MICROSCOPE

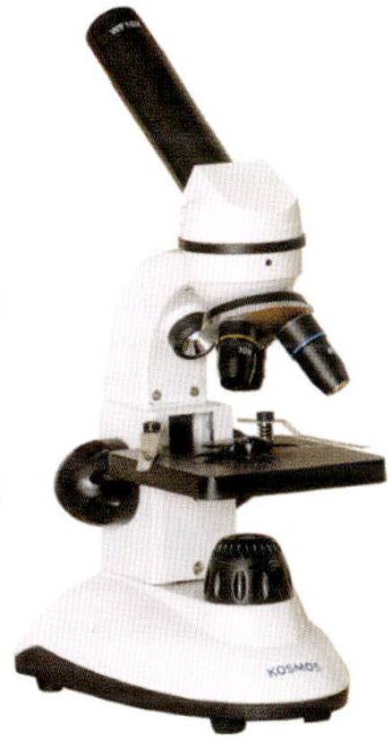

Annerose Bommer

Avec des illustrations de Friedrich Werth
et des photos de Heidi Velten

CHANTECLER

Avant-propos

Découvrir un nouveau monde – qui n'en a pas envie ? Avec une loupe et un microscope, c'est possible. Ces instruments t'ouvrent les portes d'un monde plein de secrets et de mystères, qu'on ne voit pas à l'œil nu. Une seule goutte d'eau prélevée dans un étang contient de nombreux organismes. En observant les pattes et les ailes d'une mouche, tu découvriras les merveilles de la nature. Tu verras les minuscules ouvertures grâce auxquelles les feuilles respirent. Observe-les de près : un grain de sable scintille comme une pierre précieuse et un flocon de neige abrite des trésors dignes d'un joaillier. Ce livre te fait pénétrer au cœur du microcosme : il t'apprend à utiliser une loupe ou un microscope et te donne des conseils passionnants pour profiter au maximum de tes découvertes. Petit à petit, tu acquerras les bonnes méthodes : la confection de coupes transversales et de préparations, ainsi que la coloration et l'élaboration de préparations durables. Ce livre t'expliquera aussi comment les microscopes modernes sont utilisés en médecine et dans la recherche.

Nous te proposons un grand voyage au pays merveilleux et fascinant de la microscopie !

Annerose Bommer

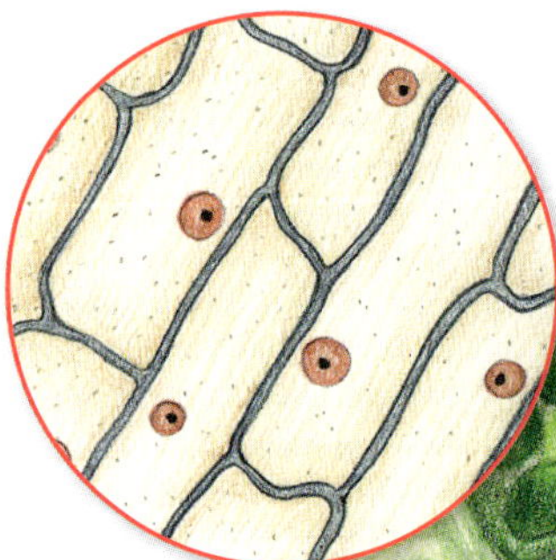

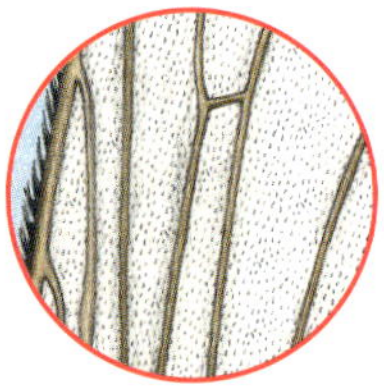

Sommaire

Voir les petites choses en grand 4

Exploration des habitats 6

Le microscope 10

Première observation 12

La vie dans une goutte d'eau 14

Le monde des algues 18

Composition des plantes 20

Découper et colorer 22

Mousses, lichens et fougères 24

N'aie pas peur des araignées 25

Les insectes vus de près 26

Préparations durables 29

Sang et cheveux 30

Le monde merveilleux des cristaux 31

Sur les traces de la lumière 32

Rendre les atomes visibles 34

Le microscope et la science 36

Microprojets 40

Glossaire 43

Voir les petites choses en grand

Avant de regarder les choses agrandies une centaine de fois ou même plus au microscope, il faut d'abord les étudier à la loupe. La loupe te révèle un monde nouveau et vraiment passionnant, dont tu ne soupçonnes rien.

Observer à la loupe

Avec un grossissement de 6 à 15, les objets familiers prennent un aspect surprenant : une croûte de pain se met à ressembler à une immense éponge. Une pierre se transforme en montagne, une motte de terre devient un paysage avec monts et vallées. Une tige ou des feuilles de plante prennent l'aspect d'un hérisson. Le grossissement est indiqué sur la loupe : la mention « 4 x », par exemple, indique que les choses sont vues en quatre fois plus grand.

Règle d'observation

Lave-toi bien les mains avant et après chaque observation à la loupe ou au microscope. L'hygiène, c'est toujours très important !

Exemple de loupe naturelle : une goutte d'eau sur une feuille permet d'en voir la surface en beaucoup plus grand.

La loupe pliante (loupe de poche) est particulièrement pratique. Sa lentille doit avoir un diamètre d'au moins 3 cm. Elle est protégée par un étui en plastique ou en métal.

Tu peux faire tes premières explorations avec une loupe d'enfant de ce type, en vente dans les commerces de jouets.

Le compte-fils est utilisé pour observer les fils d'un tissu, un dessin, un négatif, etc.

La loupe binoculaire stéréoscopique est composée de deux loupes, une pour chaque œil. Elle permet de voir les choses en relief et rend les observations prolongées moins pénibles pour les yeux.

Le gobelet à loupe (ou loupe gobelet) est idéal pour de nombreuses observations. Tu peux insérer un petit animal (un insecte, par exemple) dans le récipient et l'étudier tranquillement à la loupe. Le quadrillage du fond te permet d'établir un ordre de grandeur pour cet animal. Les trous d'aération veillent à ce que l'animal ne s'étouffe pas. Le couvercle peut se détacher et il est alors possible d'utiliser la loupe normalement.

Bien observer

Il est important de disposer d'un bon éclairage pour voir tous les détails de l'objet que tu observes. Porte la loupe à ton œil, puis rapproche l'objet à observer jusqu'à ce que tu le voies avec netteté. Laisse l'autre œil ouvert et essaie simplement de « masquer » l'image.

Dans ton jardin, ou dans un pré, tu pourras découvrir plein de nouvelles choses, par exemple les fleurs des plantes herbacées, qui sont beaucoup moins visibles que les fleurs du jardin.

Les minuscules griffes dont sont pourvues les pattes des mouches leur permettent de s'accrocher aux murs et même aux vitres, grâce à leurs petites ventouses.

Empreintes digitales

À la loupe, la peau du bout des doigts ressemble à un réseau de courbes. Si tu prends, par exemple, un verre en main, tu peux remarquer que tes doigts y laissent des traces : ce sont les empreintes digitales. La police scientifique les utilise pour identifier les criminels ou arrêter des suspects. Elles sont différentes pour chaque être humain. Elles restent identiques tout au long de la vie, même après une blessure.

Flocons de neige

Pour observer des cristaux de glace, le mieux est de placer un tissu noir, par exemple du velours, pendant quelques minutes dehors quand il neige. Quand tu observeras les flocons à la loupe, tu remarqueras qu'ils sont composés de cristaux à six branches. Ils sont constitués de tant de points et de dentelures que tu n'en trouveras jamais deux identiques. Fais attention pendant l'observation : un simple souffle peut faire disparaître la magie.

Échantillon de tissu

Grâce à la loupe, tu pourras voir avec précision l'entrelacement des fils sur un morceau de tissu. Tu verras qu'il peut être très différent d'un tissu à l'autre.

Exploration des habitats

Les animaux et les plantes vivent dans des environnements bien précis, que l'on appelle habitats ou espaces vitaux. Les petits espaces vitaux sont particulièrement intéressants à observer : une fleur, une mousse ou l'écorce d'un arbre. Avec une loupe ou un microscope, tu pourras faire des découvertes étonnantes.

L'écorce : une maison aux nombreux occupants

Choisis un vieil arbre noueux avec un tronc crevassé et couvert de mousse. Observe l'écorce et, selon l'environnement, l'espèce à laquelle appartient l'arbre et la saison, tu découvriras des êtres vivants très différents : scarabées, galles, petits papillons et autres minuscules animaux. En observant la mousse, tu remarqueras des petites feuilles et des capsules au bout de petites tiges qui ressemblent à des vases miniatures munis de couvercles (voir page 24 pour en savoir plus). Si tu prélèves un morceau d'écorce à un arbre, tu pourras y observer les insectes qui s'y sont cachés. Grâce au gobelet à loupe, tu pourras les étudier plus facilement.

Mousse sur une souche d'arbre

Fourmi avec goutte d'eau

Vieux bois : la vie au cœur de la mort

Les vieux tas de bois abritent une faune importante. Les petits trous ronds dans le bois sont en fait des habitations d'insectes. Sur l'écorce courent de grosses fourmis. En dessous, tu trouveras probablement des cloportes, des mille-pattes et des scarabées. Tu verras peut-être une guêpe se poser sur le tronc et y percer un trou avec son long dard. C'est dans ce trou qu'elle pondra ses œufs, qui deviendront des larves, lesquelles se nourriront du bois tendre.

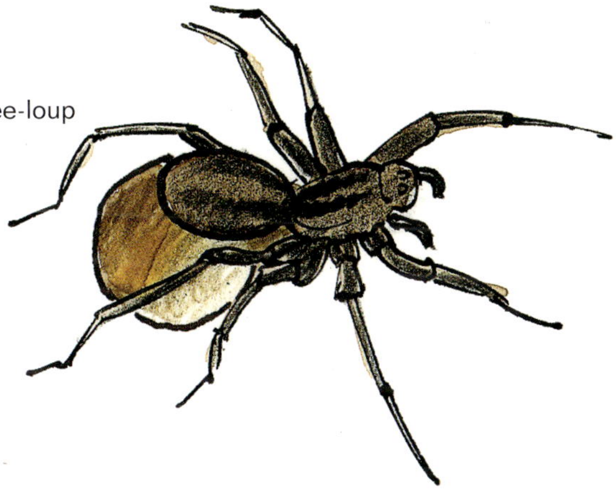

Araignée-loup

Restes : les éliminateurs de déchets

Certains petits animaux vivent des restes de cadavres d'animaux et de plantes mortes. Dans la nature, ces « éliminateurs de déchets » sont très importants. Sans eux, le sol serait couvert de dépouilles d'animaux et de feuilles mortes. En utilisant un appareil de Berlese, tu pourras trouver de nombreux organismes vivants : d'innombrables espèces d'insectes, des araignées, des mille-pattes, des cloportes et bien d'autres. Certains d'entre eux se nourrissent de feuilles en décomposition, d'autres, en particulier les araignées et les mille-pattes, dévorent d'autres animaux. Après l'observation, replace ces petits animaux dans leur habitat naturel, la forêt.

Comment se comporter avec les êtres vivants

Dis-toi que chaque être vivant, aussi petit soit-il, a envie de vivre. Ne tue aucun animal pour pouvoir l'observer. Quand tu en captures un, veille à ne pas lui faire de mal. Ne l'expose pas à une trop forte chaleur, par exemple les rayons du soleil quand il fait très chaud. Ne le conserve pas prisonnier plus de quelques minutes. Après observation, replace-le à l'endroit où tu l'as trouvé.

Appareil de Berlese

Prélève des feuilles mortes en décomposition (donc à une certaine profondeur) et remplis-en un entonnoir en plastique (d'un diamètre de 10 à 15 cm), puis pose cet entonnoir dans un bocal comme indiqué sur le dessin. Place au-dessus une lampe de chevet. La chaleur et le dessèchement vont contraindre les organismes à descendre et à tomber dans le bocal. Tu peux maintenant les récupérer avec un pinceau humidifié pour les observer à la loupe.

Le sol : un milieu fertile

Si tu prélèves un morceau de terre de ton jardin et que tu l'observes, tu y verras sûrement des petits êtres vivants. Dépose-les sur une sous-tasse blanche humide et regarde-les à la loupe. De nombreux insectes passent leur période de croissance sous la protection de la terre. Une seule poignée de bonne terre contient un nombre incroyable d'organismes vivants. Mais on ne peut en étudier qu'une toute petite partie à l'œil nu. Vers de terre, cloportes, mille-pattes et autres diplopodes, limaces, fourmis et scarabées sont visibles à l'œil nu, mais il faut une loupe pour bien les observer.

Perce-oreille

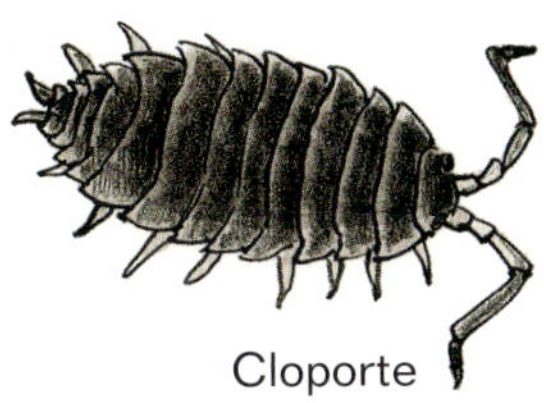

Cloporte

Bouse de vache

Même si cela peut paraître a priori repoussant, nous te conseillons de t'accroupir à côté d'une bouse de vache pour observer les insectes qui y évoluent. Tu pourras ainsi voir des bousiers, rouges et bruns, d'autres types de scarabées, plus gros et noirs, et des mouches jaunes très velues, dites scatophages (qui se nourrissent d'excréments). Ces insectes perçoivent de loin l'odeur de la bouse. Ils choisissent celle-ci pour y pondre leurs œufs, car les larves pourront facilement s'y abriter et s'y nourrir. Au bout de quelques jours, les larves se transforment en insectes volants. Sur une ancienne bouse, depuis longtemps desséchée, on peut observer les trous ronds par lesquels ils se sont échappés.

1

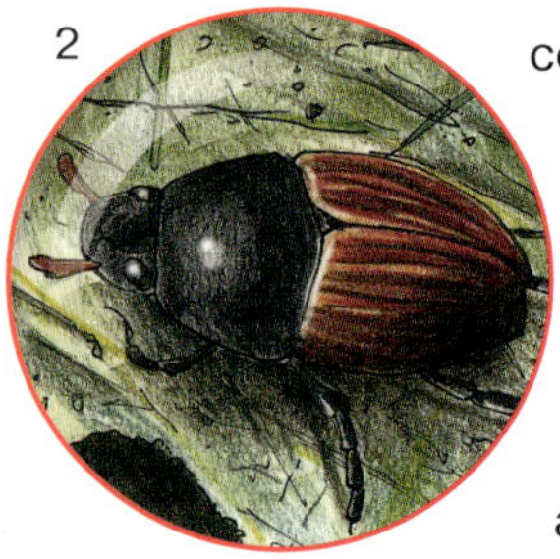
2

Habitants des prairies

En secouant une fleur de pissenlit sur un morceau de papier, tu pourras étudier les minuscules coléoptères et insectes ailés qui se cachent habituellement entre les pétales.

3

Les fleurs : des stations-service

Les fleurs colorées des plantes ont pour fonction d'attirer les insectes. Si tu approches précautionneusement une loupe d'une fleur, tu pourras observer ses occupants. Il ne faut pas les attraper. Contente-toi de les observer. Note bien les différentes formes de trompes et les yeux, qui sont énormes en comparaison du corps. Sur les ombelles des fleurs blanches, tu trouveras un grand nombre d'espèces. Abeilles, bourdons, coléoptères colorés se régalent du nectar et disséminent le pollen. Les papillons ne peuvent que soutirer le nectar : ils déploient leur longue trompe et l'aspirent comme s'ils buvaient une limonade avec une paille.

4

1. Vanesse de l'ortie
2. Scarabée bousier
3. Visiteurs d'une fleur en ombelle : coléoptère, bourdon, mouche, syrphe
4. Abeille

Dans le réfrigérateur

Si tu veux observer tranquillement les insectes capturés, mets-les pendant une dizaine de minutes au frigo. Une durée aussi courte ne leur fera pas de mal, mais ralentira leurs mouvements. Observe-les ensuite rapidement et libère-les.

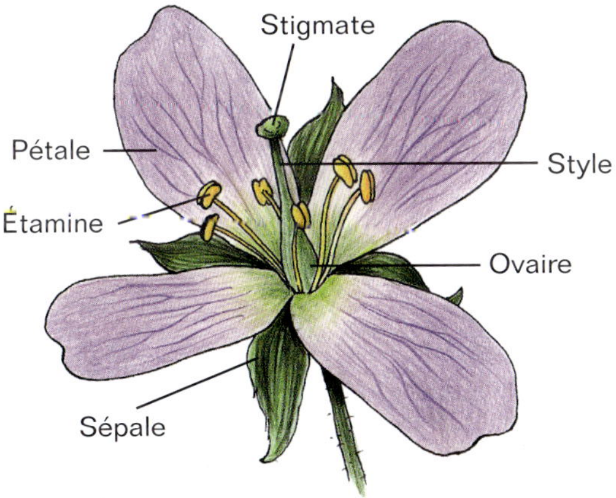

Visite à la mare

Pour explorer la vie aquatique d'une mare, il te faut une loupe, un filet et une écuelle blanche peu profonde ou une assiette blanche. Tu trouveras des filets dans les commerces d'aquariums, mais tu peux aussi t'en confectionner un toi-même (voir l'encadré en haut à droite). Plonge le filet plusieurs fois dans l'eau. Place ce que tu as pêché dans l'écuelle ou l'assiette. Peut-être auras-tu pêché un têtard de grenouille, de crapaud ou de salamandre. Tu récupéreras peut-être aussi des scarabées aquatiques, des punaises d'eau, des gerris ou des larves d'insectes. Après observation, remets-les avec précaution dans la mare.

Attention : danger de dessèchement

Veille à ce que les animaux soient recouverts d'eau, pour ne pas qu'ils se dessèchent. Après ton observation, rejette-les dans la mare en essayant de leur faire le moins de mal possible.

Construis ton filet

Courbe un fil de fer gainé pour former une grande boucle (1). Fixe-le à un manche à balai avec du ruban adhésif pour colis (2). Couds ensuite le pied d'un collant en nylon (3). Voilà, ton filet est prêt !

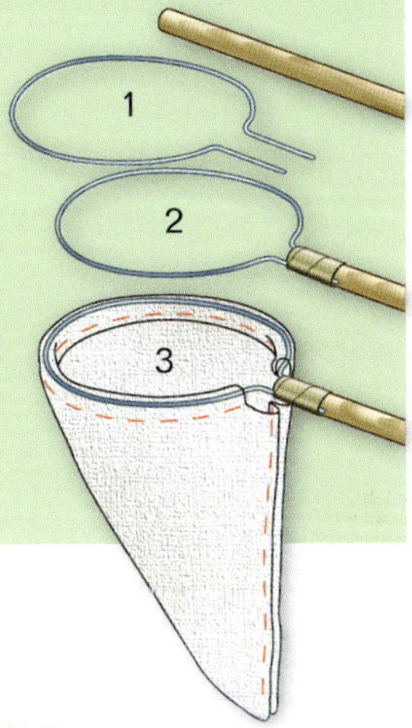

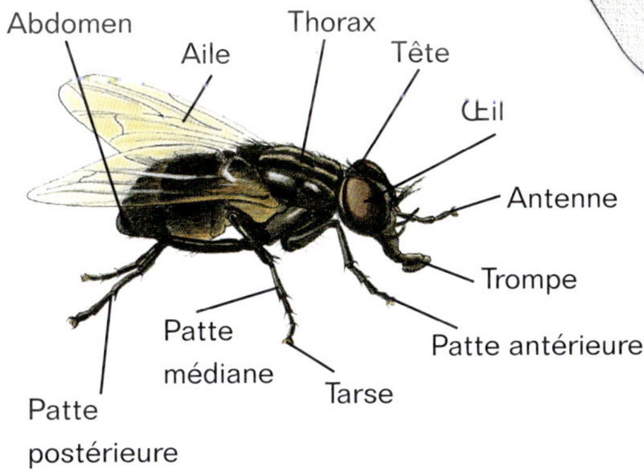

La larve de trichoptère dans sa gaine de protection vit au bord des ruisseaux et des mares.

L'aselle (1 cm de long) est très commun.

La larve de moustique se tient sous la surface de l'eau.

Sur les pierres des ruisseaux, on trouve la larve d'éphémère.

Le microscope

Le microscope offre un grossissement beaucoup plus important que la loupe, car il ne se résume pas à une seule lentille. Il est composé de deux groupes de lentilles qui se complètent. Les bons microscopes permettent plusieurs types de grossissement : faible pour une observation générale et rapide, et plus fort pour observer les détails.

Les microscopes simples, constitués d'un seul bloc, sont à éviter. Il est préférable d'acheter un modèle où l'on peut ultérieurement fixer de nouveaux accessoires, par exemple d'autres objectifs. Au début, un oculaire de x5 ou x10 et un objectif de x5, x10 ou x30 sont suffisants.

Objectif simple

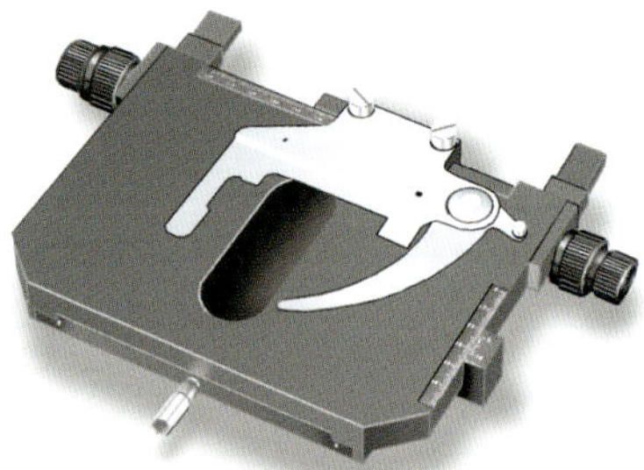

Avec la surplatine, accessoire très utile, on peut déplacer facilement et avec exactitude la préparation à observer.

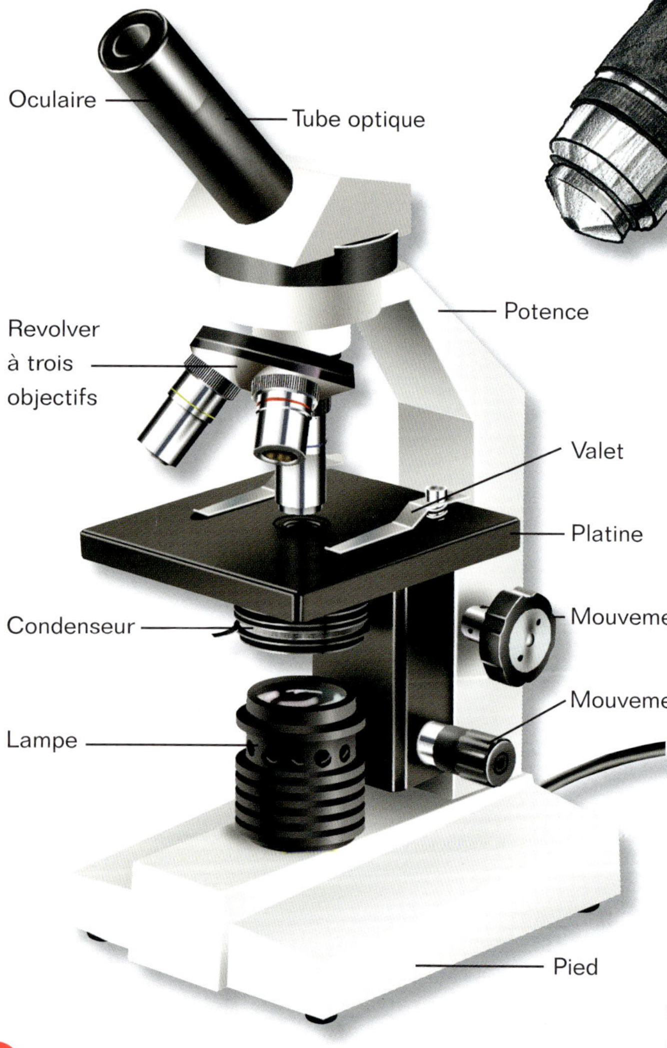

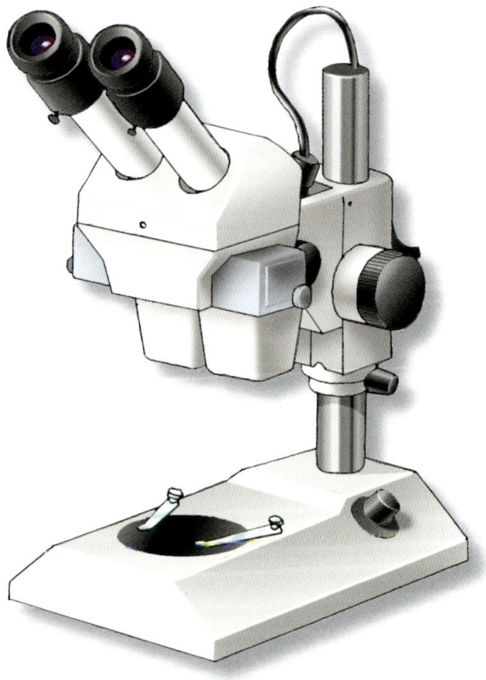

Un microscope stéréoscopique (ou binoculaire) présente deux oculaires et deux objectifs et donne donc une image tridimensionnelle de l'objet observé. Ce microscope est très cher.

Le grossissement

Les oculaires et les objectifs ont différentes valeurs de grossissement. Il suffit d'une simple multiplication pour obtenir le grossissement d'ensemble. Par exemple, un oculaire x5 et un objectif x30 permettent d'observer un objet en 150 plus grand que la réalité. Le pouvoir de séparation, ou pouvoir de résolution, est également important pour la qualité d'un microscope. Ce pouvoir de séparation est la faculté de voir distinctement deux structures placées l'une à côté de l'autre. Sur les bons microscopes, la valeur de la résolution est inscrite près du grossissement. C'est l'ouverture numérique (o.n.) : plus elle est importante, mieux c'est.

La mise au point

Choisis l'objectif le plus faible et hausse le plus possible la platine à l'aide de la mollette de mouvement rapide. Ne regarde pas encore dans l'oculaire. Veille plutôt à ce que la lentille de l'objectif ne touche pas le verre, ce qui pourrait l'abîmer. Regarde ensuite dans l'oculaire et règle le mouvement lent jusqu'à ce que l'image soit nette.

Conseil d'entretien

Utilise toujours un chiffon doux pour nettoyer les objectifs et la platine. Laisse toujours un oculaire dans le tube. Quand le microscope n'est pas utilisé, protège-le de la poussière.

De nombreux objets d'observation peuvent être conservés durablement. Il suffit de les inclure dans une résine transparente (voir page 29 pour plus de détails). On peut ensuite conserver ces préparations dans un coffret comme celui-ci.

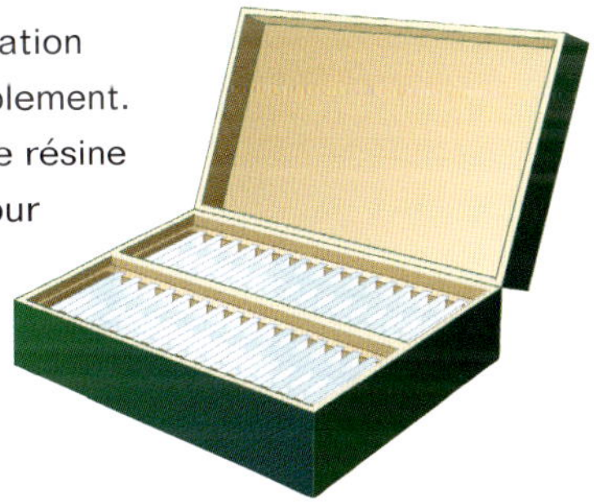

Équipement pour débutants

Pour faire des observations au microscope, l'équipement nécessaire est réduit. Voici quelques ustensiles utiles.

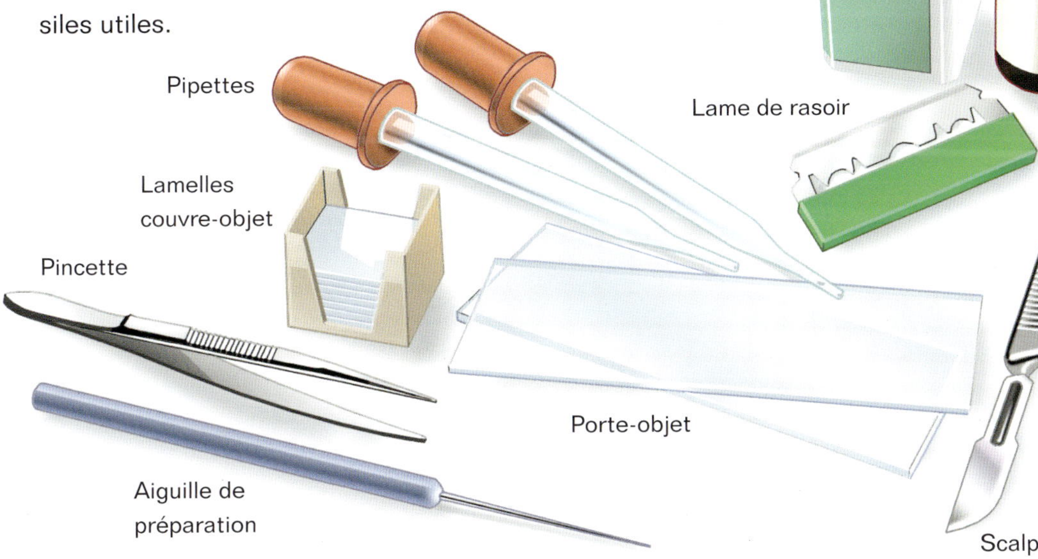

Première observation

Tu ne peux pas poser telles quelles sous le microscope les choses que tu veux observer. Tu dois d'abord les préparer. La plupart du temps, cela est très simple : il te suffit d'un porte-objet, d'une lamelle couvre-objet, d'un peu d'eau et le tour est joué !

Première préparation avec algues

Dépose d'abord une goutte d'eau sur le porte-objet (1). Poses-y ensuite une algue (2 et 3), puis recouvre-la avec la lamelle couvre-objet (4). Avec du papier buvard, tu peux ensuite éponger l'eau qui a débordé (5). Veille à ce qu'il n'y ait pas de bulles d'air sous la lamelle. Vois dans l'encadré de la page ci-contre comment éliminer les bulles.

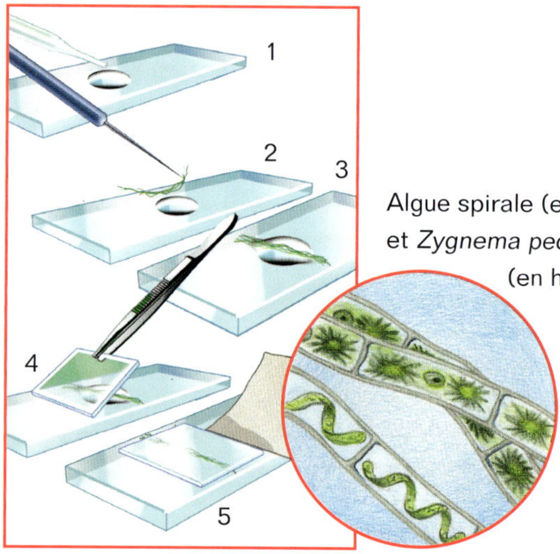

Algue spirale (en bas) et *Zygnema pectinatum* (en haut)

Algues filamenteuses

Les algues vertes, parfois appelées « écume d'étang », constituent un excellent début. Réalise une préparation, place-la sous le microscope et observe-la avec le plus faible grossissement. Tu verras des filaments verts, composés de longues rangées de « cellules », remplies de grains ou de nœuds verts. Ces composants verts sont la chlorophylle, qui utilise l'énergie du soleil.

Préparer une pelure d'oignon

Coupe un oignon en deux (1). Découpe un carré dans la pelure (2) et extrais-en une pelure très fine, que tu prélèves avec une pincette (3). Tu peux maintenant réaliser la préparation (4).

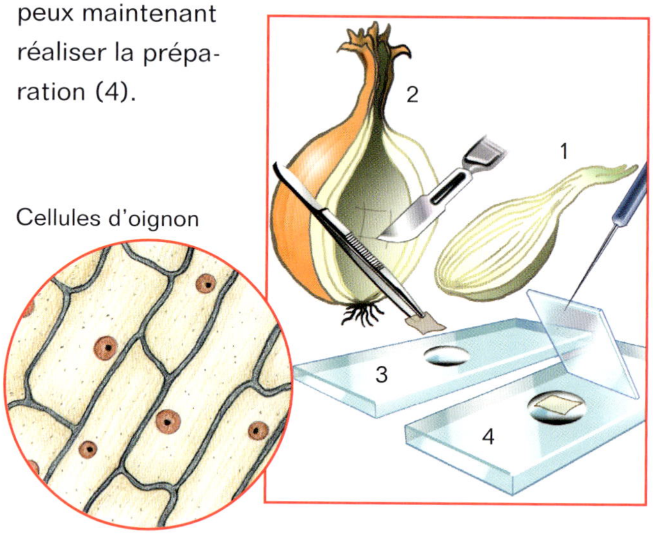

Cellules d'oignon

Observer une pelure d'oignon

Une pelure d'oignon est également composée de cellules. Au microscope, tu peux remarquer que ces cellules sont disposées comme les briques d'un mur. Cette structure est caractéristique. En augmentant le grossissement, tu découvriras peut-être une tache rouge dans chaque cellule. Ce sont les noyaux. Ces derniers seront plus visibles si tu déposes une goutte de teinture d'iode (disponible en pharmacie ou parapharmacie) à côté de la lamelle et que tu l'attires dans la préparation en posant du buvard de l'autre côté. L'iode teintera les parois et les noyaux en brun et les rendra donc plus visibles.

Exploration de cellules d'oignon avec du sucre

Les cellules sont remplies d'une masse transparente appelée le cytoplasme. Pour que celui-ci devienne visible, il te faut simplement une solution de sucre concentrée. Pour la confectionner, verse du sucre dans un peu d'eau, tout en remuant, jusqu'à la limite de l'absorption. Utilise cette solution pour la préparation d'une pelure d'oignon, replace la lamelle et attends pendant 15 minutes. Regarde ensuite dans le microscope et tu verras le cytoplasme sous forme de taches brunes dans chaque cellule. La solution de sucre a absorbé l'eau des cellules, et le cytoplasme, qui s'est rétréci, devient identifiable.

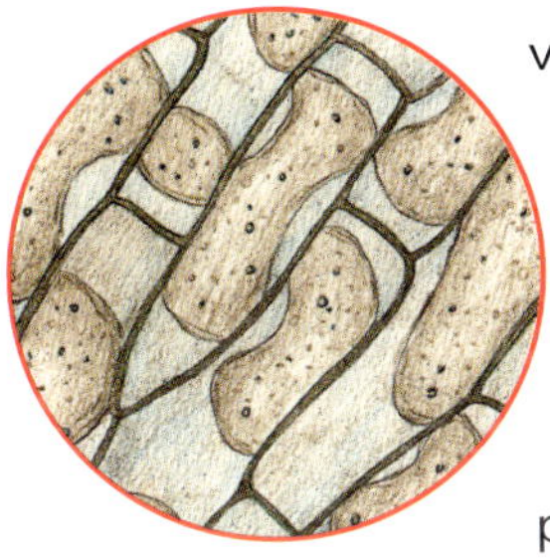

Mouches volantes

Si tu regardes longtemps dans l'oculaire, tu verras des fils et des taches qui voyagent dans le champ de vision. Ce phénomène, parfois appelé « mouches volantes », signale que tu dois reposer tes yeux. Ferme-les pendant quelques secondes ou regarde par la fenêtre.

Mesures de grandeur

Certains microscopes proposent une plaque transparente graduée en verre. Il s'agit d'un micromètre. Il faut le poser sur la platine, faire la mise au point et compter le nombre de graduations. Selon les micromètres, elles correspondent à 1/10 ou 1/20 de millimètre, ou même moins (certaines graduations vont jusqu'à 1/100 de millimètre). Tu pourras ainsi estimer la taille des objets que tu observes.

Éliminer les bulles

Avec la pipette, dépose une goutte d'eau à côté de la lamelle couvre-objet. Place un buvard de l'autre côté de la lamelle. Il attirera l'eau sous la lamelle et éliminera les bulles par la même occasion.

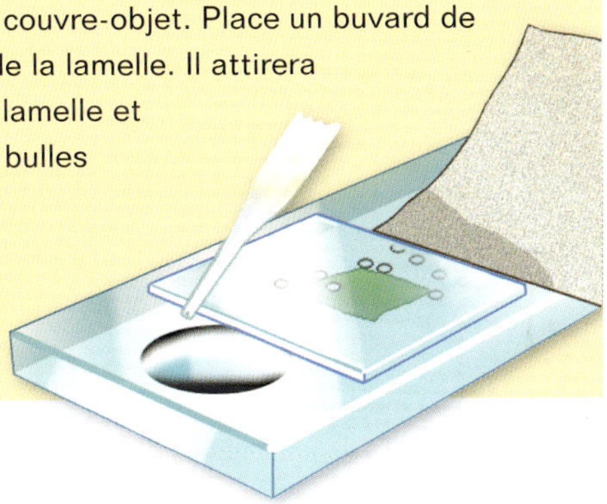

Journal microscopique

Quand tu dessines ce que tu observes, tu découvres plus de choses qu'en te contentant de regarder dans l'oculaire. Nous te conseillons donc de tenir un journal où tu reproduis tes observations les plus intéressantes. Pour chaque dessin, n'oublie pas de noter la nature de l'objet, par exemple « algues du tonneau d'eau de pluie », la date et le lieu de la découverte. Il est également important de noter le grossissement et les préparatifs éventuels, par exemple l'utilisation de colorant. Tu peux également reporter une description trouvée dans un ouvrage. Au fil du temps, ton journal deviendra un véritable trésor de connaissances.

La vie dans une goutte d'eau

Il existe des organismes vivants si petits que, pour eux, une goutte d'eau est immense. On regroupe ces organismes sous le terme de plancton. On ne peut les voir qu'avec un microscope. Trouve-toi une petite mare et tu pourras y puiser la matière vivante nécessaire. L'observation du plancton est une des expériences les plus passionnantes de la microscopie.

Une goutte : un monde

En observant le plancton, on se familiarise avec de nombreuses espèces. Beaucoup d'entre elles ne se trouvent que dans certains lieux : dans la vase, sous la végétation aquatique, dans un échantillon d'algues pris sur une pierre, ou dans l'eau mouvante. Chaque surface aquatique a sa configuration de plancton, qui évolue au fil des saisons. Sont également riches en plancton les filtres d'aquarium, l'eau croupie des vases de fleurs, les résidus des gouttières, les récupérateurs d'eau de pluie et les abreuvoirs pour les oiseaux. Il n'y a que dans l'eau du robinet que tu n'en trouveras pas.

Bouillon de foin

Même en hiver, tu peux observer du plancton. Il te suffit pour cela de mettre de l'herbe ou du foin dans un vieux bocal, de verser dessus de l'eau d'une mare (avec de l'eau du robinet, cela marche moins bien) et de laisser le tout pendant une semaine sur le rebord d'une fenêtre. Tu seras étonné du nombre d'organismes vivants qui apparaîtront. Ils étaient fixés au foin et ont trouvé dans la concoction d'excellentes conditions de vie. Ce qu'il y a de plus surprenant dans ces organismes, c'est leur transparence : on peut facilement en voir l'intérieur. Si tu conserves la concoction pendant plusieurs semaines, tu pourras remarquer que la répartition des espèces a changé.

Qui va là ?

Au début, tu seras un peu perplexe devant la diversité des organismes du plancton. Mais ne t'en fais pas : après plusieurs observations, tu pourras distinguer les différents groupes que nous te présentons sur cette page et les suivantes. Tu finiras par bien les connaître.

Puce d'eau

Aussi appelée daphnie. Tu la reconnaîtras à son déplacement par saccades. Elle fait partie des petits crustacés. Son corps est transparent et sa carapace translucide. Quand tu en insères une entre le porte-objet et la lamelle, tu peux remarquer les antennes plumeuses, grâce auxquelles elle nage de façon saccadée, l'œil noir, le cœur qui bat, l'intestin rempli et peut-être les œufs.

Ostracode

Il est muni d'une carapace bivalve, qui protège presque tout le corps. Seules les antennes, qui l'aident à se déplacer, dépassent de la carapace. Il occupe tous les milieux marins et d'eau douce.

Enrichir le plancton

Certaines espèces planctoniques ne vivent que dans les mares et les étangs. Dans ces milieux, le nombre d'organismes vivants n'est cependant pas très élevé. Une goutte d'eau en contient donc peu. Pour augmenter leur nombre, voici une astuce : verse un litre d'eau d'étang dans un entonnoir muni d'un filtre à café (en papier). Dans un tube en verre, mélange ce qui reste dans le filtre avec quelques gouttes d'eau d'étang, puis prélève une partie de ce liquide avec une pipette pour l'observer au microscope. Les chercheurs récoltent le plancton à l'aide d'un filet spécial à mailles très fines.

Chambre humide

Il n'est pas possible d'observer longtemps un échantillon contenant du plancton, car il sèche et les organismes meurent. Mais il existe une solution : sur la platine, forme un anneau en pâte à modeler d'un diamètre de 5 mm et d'une hauteur de 1 mm, remplis-le avec ta préparation et appuie une lamelle dessus pour qu'il n'y ait plus d'ouverture par laquelle l'eau pourrait s'évaporer (attention à ne pas casser le verre !). Avec cette « chambre humide », tu pourras poursuivre ton observation pendant toute une journée.

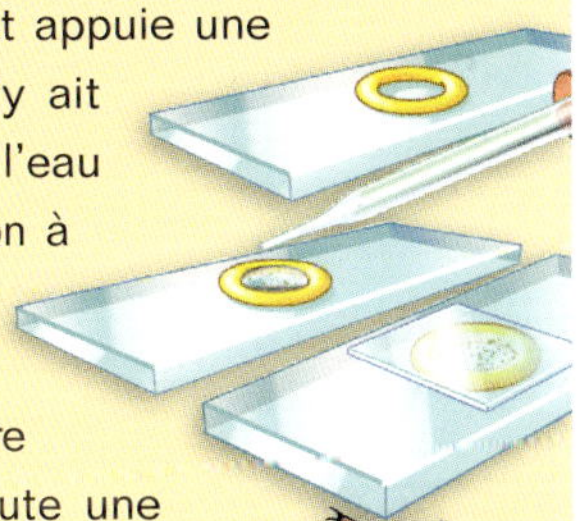

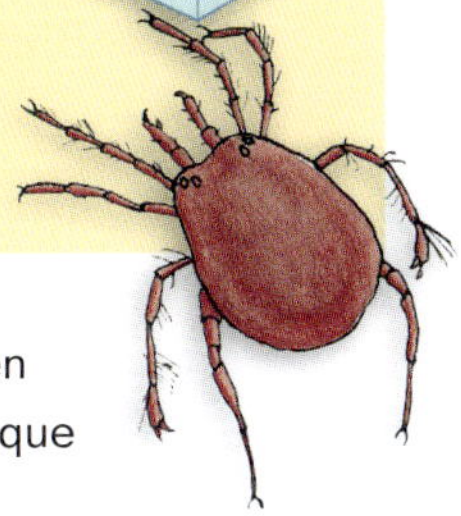

Acarien aquatique

Hydre

Créature verte qui peut atteindre 1 cm. Elle n'a pas de squelette. Avec ses tentacules, elle capture d'autres petits animaux aquatiques.

Copépode

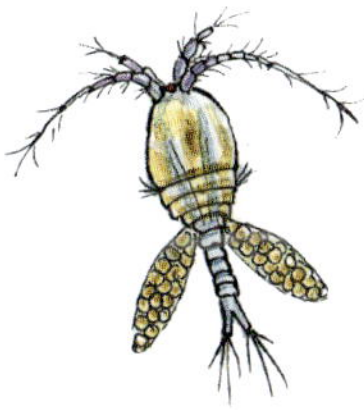

Il se déplace comme la daphnie, mais a un corps plus allongé. Certains copépodes portent des sacs ovigènes de couleur rougeâtre de chaque côté de la queue.

Planaire

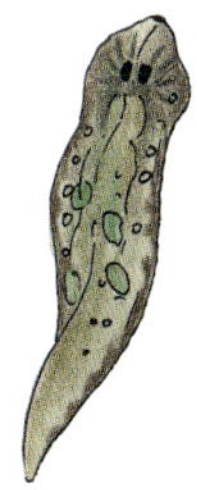

Très mobile. Observe les yeux et la bouche située au niveau du ventre. Fais attention, elle est très fragile car elle est très fine.

Paramécie

Elle appartient au genre des protozaires ciliés. Son corps est en effet recouvert de milliers de cils vibratiles, qui lui permettent de se déplacer dans l'eau ou d'attraper de la nourriture. Elle vit en eau douce stagnante.

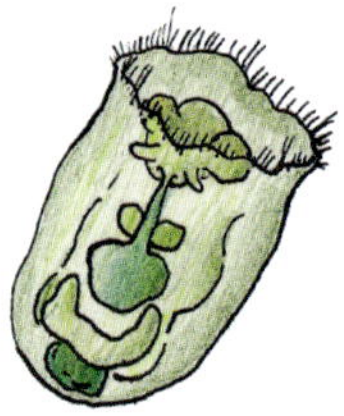

Rotifère *Asplanchna priodontata*

Il possède un corps gonflé et deux pinces articulées pour attraper les proies. Il est composé de nombreuses petites cellules et d'un ensemble d'organes : bouche, estomac, intestin, cerveau, muscles et organe de reproduction. Il est souvent transparent et ressemble à une sorte de sac.

Rotifère *Trichocerca bicristata*

Il a un corps irrégulier et tordu, ainsi qu'une longue queue qui fait penser à une longue queue de rat. Il nage grâce à des mouvements en spirale.

Rotifère *Collotheca*

Sa couronne est composée de plusieurs lobes qui sont munis de longs cils. Sa bouche est une sorte d'entonnoir capable d'engloutir les proies à la vitesse de l'éclair.

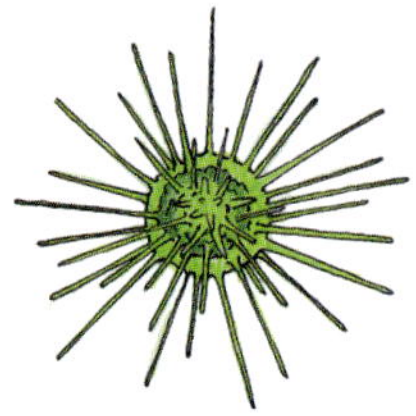

Héliozoaire

Il se compose d'une boule d'où partent des appendices dans toutes les directions. Il lui arrive fréquemment de blesser les autres organismes du plancton rien qu'en les touchant.

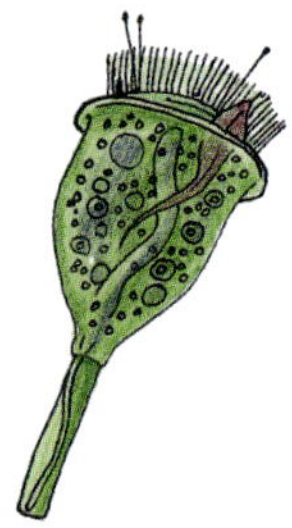

Vorticelle

Elle vit le plus souvent en groupes, accrochée aux algues filamenteuses grâce à un pédoncule. Si tu tapotes des doigts sur la platine, tu verras le pédoncule s'enrouler, puis se déployer à nouveau.

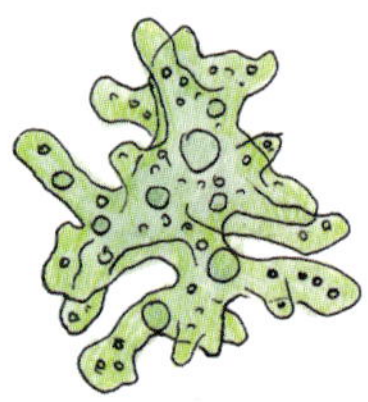

Amibe

La particularité de l'amibe est qu'elle n'a pas de forme fixe. Elle ressemble à une flaque de boue aux contours changeants. Elle entoure sa nourriture et la fait ainsi pénétrer dans son corps, car elle n'a pas de bouche. On dit qu'elle se nourrit par phagocytose.

Pour une bonne observation !

Certains animaux planctoniques sont très sensibles. Si tu les ramènes chez toi dans un tube à essai et que la température de l'eau augmente, ils peuvent mourir. Remplis toujours le tube à ras bord. Transporte-le dans un thermos où tu auras préalablement mis deux glaçons. Mais la meilleure solution est encore d'emporter sur place ton microscope et son équipement, emballés avec soin, pour réaliser l'observation sur les lieux de ta découverte.

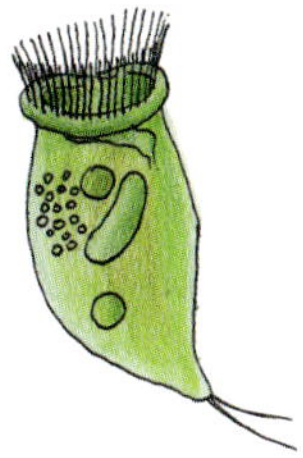

Vorticelle à queue ciliée

Contrairement à d'autres vorticelles, elle ne se fixe pas aux algues, mais nage librement, la couronne ciliée entourant la bouche, en avant. À l'arrière de son corps, ses quelques cils lui permettent de fendre l'eau. On la trouve généralement dans les fossés, les étangs et les flaques d'eau.

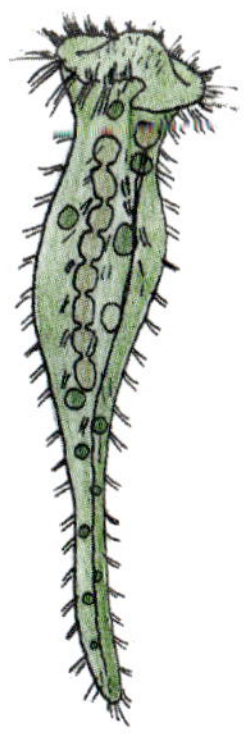

Stentor

Organisme cilié allongé qui peut se contracter en une sorte de boule. Le plus souvent, le corps est vert en raison des algues, mais il peut aussi être rouge chez certaines espèces. Il engloutit les particules de nourriture par sa couronne ciliée. Avec la partie arrière du corps, il peut se fixer sur des supports tels que des algues ou des feuilles en décomposition. Les stentors abondent dans les eaux stagnantes, très riches en humus.

Amibe à thèque

Elle est protégée par une thèque, qui, chez certaines espèces, est renforcée par des particules siliceuses. De la thèque sortent des membres ressemblant à des pieds, grâce auxquels l'amibe peut se déplacer lentement. Beaucoup de ces amibes vivent dans les sols humides ou dans les mousses.

Freiner le plancton

Tu pourras observer avec plus de facilité le mouvement rapide des organismes ciliés si tu inclus un peu de colle à papier peint dans la goutte d'eau pour ralentir les mouvements. Dissous une cuillerée de poudre de cette colle dans un verre d'eau chaude (mélange bien !) et aspires-en un peu, à l'aide d'un buvard, sous la lamelle (voir page 13). Certains organismes présents dans la goutte d'eau n'ont pas de cils, mais des appendices qu'ils croisent pour se déplacer.

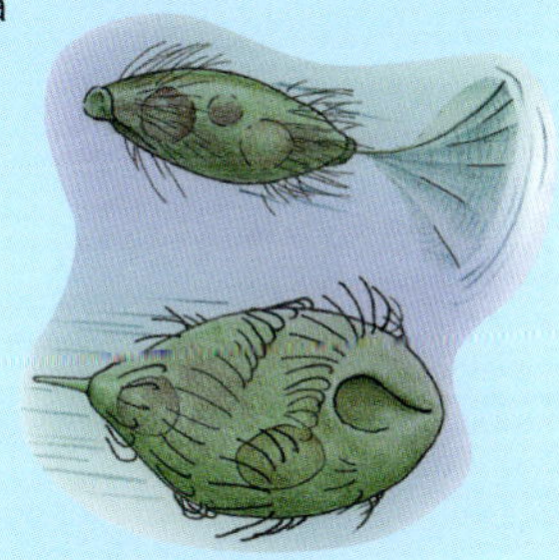

Attrape la puce !

Retire le remplisseur en caoutchouc de ta pipette et retourne le tube en verre. Tiens-le au-dessus d'une puce d'eau en bouchant l'extrémité avec le doigt. Retire brièvement le doigt pour que la puce d'eau monte dans le tube. Bouche à nouveau l'extrémité du tube avec le doigt, retire le tube de l'eau et dépose délicatement la puce sur le porte-objet en retirant ton doigt.

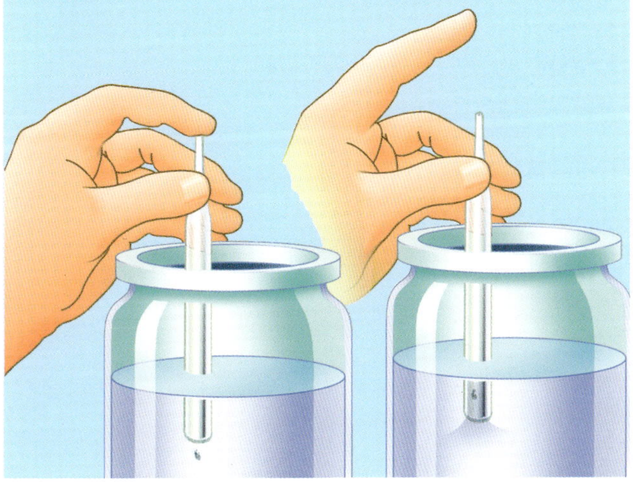

Le monde des algues

Dans une goutte d'eau vivent des êtres vivants qui se nourrissent d'autres êtres vivants. Tu as pu lire leur description sur les trois pages précédentes. Mais il y en a d'autres qui, comme les plantes, contiennent de la chlorophylle et produisent leur nourriture directement à partir des rayons du soleil. Nous t'en présentons un grand nombre sur cette double page.

Algue bleue

C'est la plus simple des sortes d'algues. Les algues bleues se composent de petites cellules, qui sont séparées ou rassemblées en filaments. Leur couleur est le bleu-vert. Elles sont souvent entourées d'une gélatine translucide. Le dessin à côté montre une algue annelée.

Flagellés

Certaines algues unicellulaires sont munies d'un ou de plusieurs flagelles (sortes d'extensions de la membrane cellulaire) qui peuvent être lisses, poilus ou écailleux. Les mouvements de ces flagelles leur permettent de se mouvoir dans l'eau. Ci-contre, une algue à quatre flagelles.

Algue verte

Elle se développe souvent sous l'effet de la lumière solaire et donne une teinte verte à l'eau. Dans le monde entier, on en connaît environ 7 000 espèces d'eau douce. Certaines sont simplement rondes ou ovales avec quelques corpuscules de chlorophylle, d'autres ressemblent à de jolies faucilles ou forment de superbes étoiles fortement ramifiées. Certaines algues vertes possèdent des sortes de fouets avec lesquels elles se déplacent. Il existe même des algues vertes qui vivent hors des étangs et des mares, par exemple dans la couche supérieure du sol, sur les troncs d'arbres humides, sur les pierres ou même dans le corps des organismes vivant dans l'eau. Ci-contre : algue verte à membrane basale (1), *Ankistrodesmus falcatus* (2), *Tetraedron muticum* (3) et *Pediastrum* (4).

1

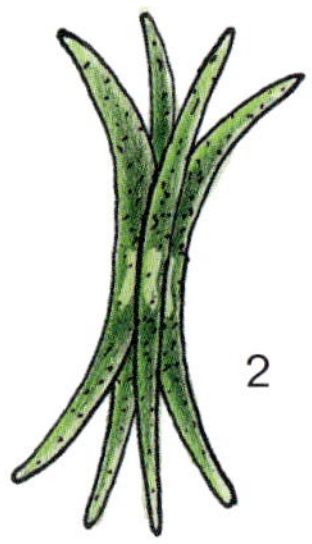
2

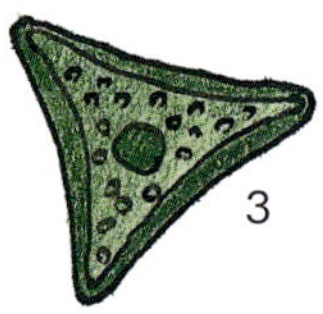
3

4

Productrices de gaz

Les algues vertes ont une importance capitale dans l'environnement. Grâce à la lumière du soleil, elles produisent de l'oxygène, dont ont besoin tous les êtres vivants (y compris l'homme) pour respirer. En réalisant une expérience très simple, tu peux observer cette production d'oxygène. Mets quelques algues dans un vase transparent, que tu remplis ensuite d'eau jusqu'au bord. Plonge un verre dans le vase (ouverture vers le bas) et laisse-le se remplir d'eau. Positionne-le au-dessus des algues. Place l'ensemble pendant quelques heures au soleil. Tu verras des bulles de gaz brillantes monter des algues et se rassembler dans le verre : c'est de l'oxygène.

Zygnématales

Ce sont les plus belles algues vertes. Leur gaine verte est presque toujours symétrique. Certaines espèces (desmidiées) sont unicellulaires, d'autres ont de longs filaments. Elles se reproduisent en construisant un « pont » entre deux cellules placées l'une à côté de l'autre. On trouve de nombreuses desmidiées dans les eaux brunâtres des marais. Ci-contre sont représentés *Closterium ehrenbergii* (1), *Micrasterias thomasiana* (2), *Zygnema pectinatum* (3) et *Staurastrum cingulum* (4). L'algue spirale *(Spyrogira)* (voir page 12) appartient aussi à ce groupe.

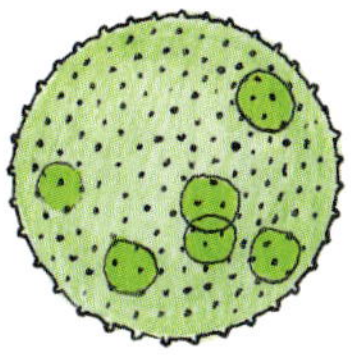

Volvox

On reconnaît le volvox au premier coup d'œil. Cette algue sphérique ressemble à une galle couverte de points verts, dans laquelle se développent d'innombrables cellules. Quand la grande sphère meurt, les cellules sont libérées. On trouve cette algue dans les étangs où l'eau est croupissante. Elle peut former d'épais amas.

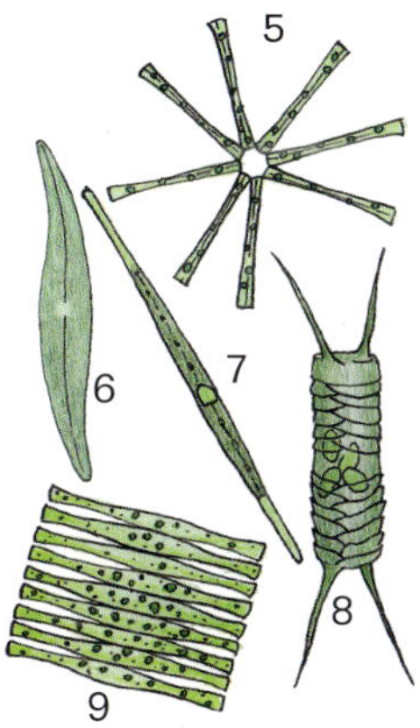

Diatomées

On les trouve à la surface de pierres immergées. Au microscope, elles livrent de superbes formes qui sont également très variées. Elles sont composées de deux thèques siliceuses, qui s'emboîtent l'une dans l'autre. Ci-contre sont représentés *Asterionella formosa* (5), *Gyrosigma attenuatum* (6), *Synedra acus* (7), *Attheya zachariasi* (8) et *Fragilaria crotonensis* (9).

Composition des thèques

Dépose sur le porte-objet un échantillon contenant de nombreuses diatomées et laisse l'eau s'évaporer. Prends la lamelle avec des pincettes et chauffe-la au-dessus d'une flamme. Toutes les parties vivantes brûleront, sauf les thèques. Pose la lamelle avec le « côté algues » vers le haut sur le porte-objet et observe les thèques avec le plus fort grossissement.

Prudence avec le feu !

Un adulte doit être présent à proximité si tu utilises un briquet ou une allumette.

Algues dorées et algues rouges

On les trouve en mer et en eau douce. Les algues dorées portent souvent deux flagelles de longueurs inégales. Leur teinte verte est légèrement dorée. On trouve les algues rouges au bord de la mer. Elles présentent de nombreux filaments rouges. Les algues rouges d'eau douce préfèrent les endroits humides et ombragés, parfois dans les anciens moulins à eau. Ci-contre sont représentés *Audouinella violacea* (10) et *Anthophysis vegetans* (11).

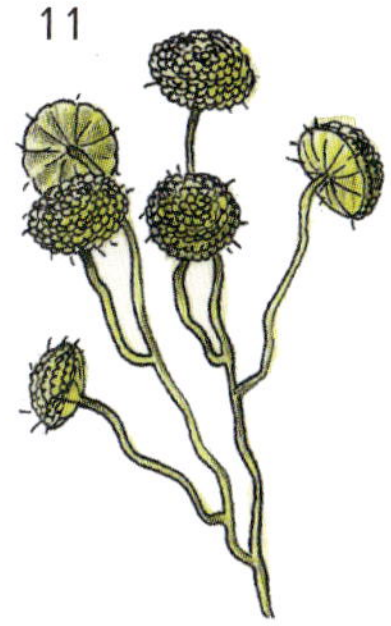

Composition des plantes

Sans les plantes, aucun animal et aucun être humain ne pourrait vivre. Grâce au pigment vert appelé chlorophylle, elles peuvent fabriquer du glucose à partir de l'air, de l'eau et des rayons du soleil. Ce faisant, elles se constituent de la nourriture pour leur croissance, nourriture dont profiteront également les animaux. De plus, elles produisent de l'oxygène, dont les êtres vivants ont besoin.

Aigrette de pissenlit

Des trous pour respirer

Les plus importantes « fabriques d'oxygène » sont les feuilles. Mais comment l'air entre-t-il dans la feuille et comment en ressort l'oxygène ? Pour le découvrir, enlève un bout de peau sur la face inférieure d'une feuille. Les feuilles de tulipe sont parfaites pour cette opération. Tu remarqueras immédiatement des structures bien particulières : des groupes de deux cellules en forme de croissant entourent un trou allongé. C'est grâce à ces trous que les plantes respirent. On les appelle orifices stomatiques ou ostioles. Cherche-les aussi sur les feuilles d'autres végétaux : graminées, œillets, hêtres.

Prélever la peau

À l'aide d'un scalpel, découpe un carré dans l'épiderme de la face inférieure d'une feuille. Ensuite, à l'aide d'une pincette, retire la fine couche supérieure. En ajoutant une goutte, tu pourras ensuite observer les cellules et ostioles de cette peau transparente.

Dispositifs piquants

Comme les plantes servent aussi de nourriture aux animaux, elles se sont dotées de mécanismes pour se protéger. Parmi ceux-ci, citons les épines, les piquants et les poils. Avec une lame de rasoir, tu peux racler les poils de différentes feuilles ou tiges. Observe-les ensuite au microscope dans une goutte d'eau et compare les différentes formes. Sur le lierre, tu trouveras des poils en forme d'étoile qui sont vraiment étonnants. Sur la molène, ils sont fortement ramifiés. Sur les feuilles de tomate, de tournesol, de coquelicot et de noisetier, les poils se présentent comme de petits piquants. Observe aussi les fins duvets qui entourent les fruits du pissenlit.

Poils en forme d'étoile sur un pétiole de lierre

Orties

Tu as sûrement déjà été piqué par les poils qui recouvrent les feuilles d'ortie. Aussi, sois prudent en retirant avec une pincette un bout d'épiderme. Au microscope, tu remarqueras que ces poils sont en fait de véritables seringues contenant une matière vitreuse. Ils sont aussi fragiles que du verre. Au moindre contact, l'extrémité se brise et une aiguille pointue s'enfonce dans la peau pour y injecter son contenu irritant.

Poils irritants d'une ortie

Fleurs de pommier

Pissenlit

Trèfle

Coquelicot

Pollen

Le pollen est l'élément fécondant mâle de la fleur. Au printemps, le vent fait voler le pollen présent sur les chatons des noisetiers ou les branches des pins. Certaines personnes y sont allergiques. Elles ont le rhume des foins. Rassemble un peu de ce pollen sur un porte-objet et observe les petits grains dans une goutte d'eau. Le pollen provient des fleurs mâles. Il doit se déposer sur les fleurs femelles, qui pourront ainsi produire des graines. Observe aussi le pollen prélevé aux anthères des fleurs de coquelicot, de tournesol, de pissenlit, de trèfle et d'autres plantes. À chaque fois, tu pourras découvrir de nouvelles formes de grains de pollen.

Grains de pollen du miel

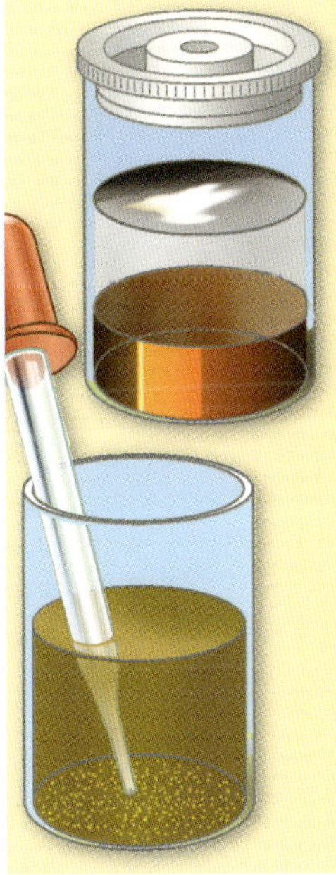

Délaie une cuillerée de miel dans deux cuillerées d'eau chaude et remue bien le tout. Place ensuite le verre au réfrigérateur pendant deux jours, afin que le pollen du miel tombe au fond. Prélève précautionneusement une petite partie avec une pipette et pose-la sur un porte-objet.

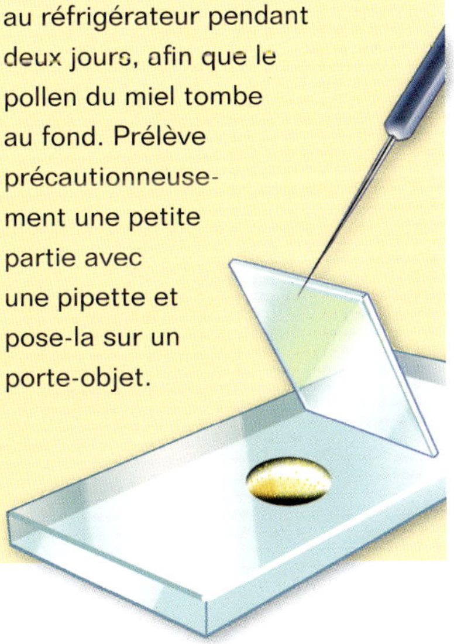

Une collection de grains de pollen

Conserve un maximum de grains de pollen de différentes plantes pour pouvoir les comparer. Afin de les conserver durablement, confine-les dans une goutte de glycérine-gélatine réchauffée et recouvre le tout d'une lamelle.

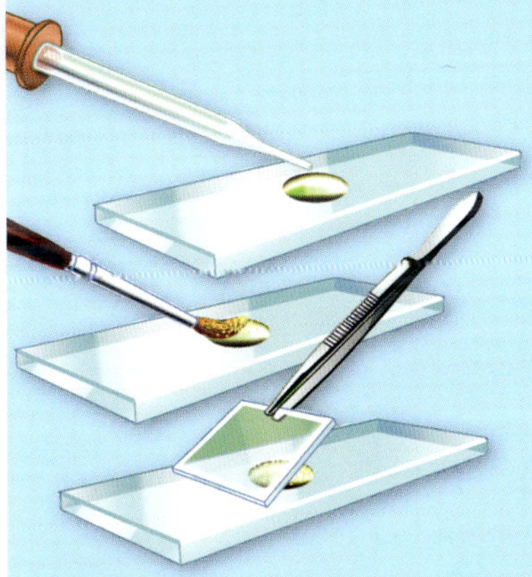

Dépose une goutte de glycérine-gélatine sur un porte-objet (voir page 29).

À l'aide d'un pinceau, dépose le pollen sur la glycérine-gélatine.

Termine ta préparation en la recouvrant d'une lamelle.

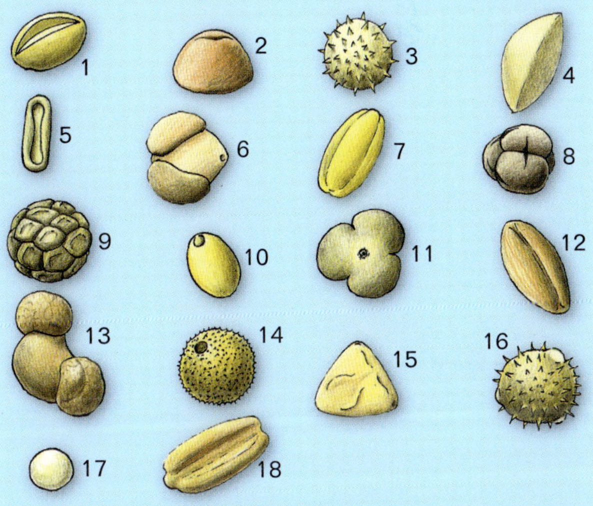

Voici à quoi ressemble le pollen de ces plantes :
1. ortie blanche ; 2. hêtre ; 3. marguerite ; 4. sapin ; 5. cerfeuil sauvage ; 6. pin ; 7. renoncule ; 8. bruyère ; 9. acacia ; 10. cresson ; 11. érable ; 12. chêne ; 13. épicéa ; 14. pissenlit ; 15. noisetier ; 16. tournesol ; 17. herbe ; 18. pommier

Découper et colorer

Presque toutes les parties des plantes sont opaques et ne se prêtent donc pas à une observation directe. C'est pourquoi tu dois les découper en très fines lamelles pour permettre à la lumière de passer. Voici comment procéder.

Chips de pomme de terre

1. Découpe de fins bâtonnets dans une tranche de pomme de terre.
2. + 3. Coupe un morceau de carotte, creuse un trou et insères-y un bâtonnet de pomme de terre.
4. Pose la lame de rasoir contre la surface et tranche une très fine lamelle de pomme de terre.
5. Termine la préparation avec une goutte d'eau sur le porte-objet.

Attention : ça coupe !

Quand tu utilises une lame de rasoir, il faut qu'un adulte soit à proximité !

Montrer l'amidon

Dans la fine tranche transparente de pomme de terre, tu remarqueras des cellules de formes irrégulières. Elles ressemblent à de petits grains ovoïdes. Les plantes stockent leur nourriture superflue sous forme d'amidon. Des aliments tels que les bananes, les haricots et le pain contiennent de l'amidon. Mais les grains d'amidon y ont souvent des formes très différentes. Pour les reconnaître à coup sûr, tu peux recourir au test de l'iode. L'iode donne en effet à l'amidon une teinte violette. Délaie de la teinture d'iode (disponible en pharmacie ou parapharmacie) dans de l'eau (4 fois le volume d'eau pour 1 volume de teinture d'iode) et teinte la préparation avec cette solution. Tu apprendras page 23 comment procéder. Mais prudence, si l'iode entre en contact avec du métal (par exemple, le microscope), celui-ci peut rouiller.

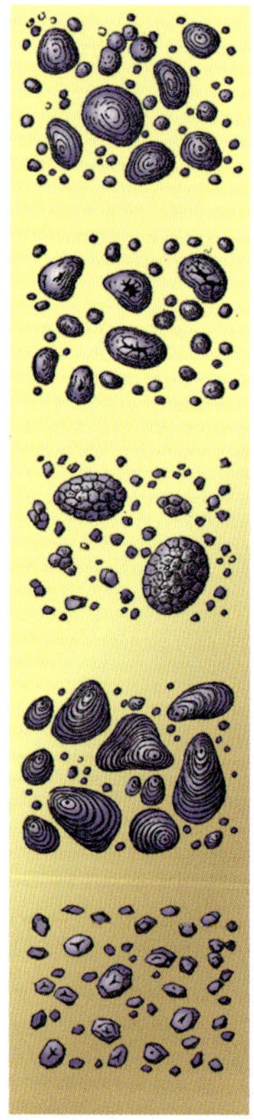

A

B

C

D

E

A = amidon de blé ; B = amidon de haricots ; C = amidon de riz ; D = amidon de pomme de terre ; E = amidon de maïs

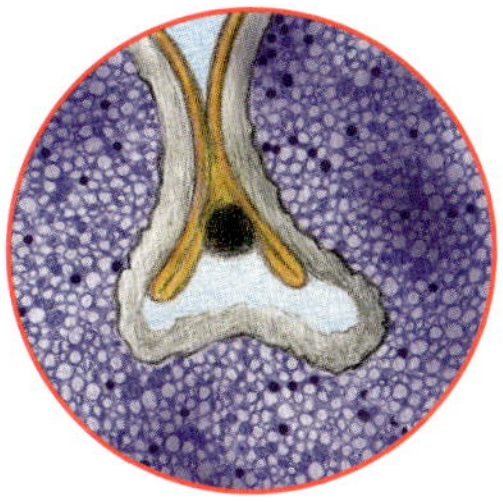

Coupe transversale d'un grain de blé. Pour réussir ce genre de coupe, il faut laisser tremper les grains dans de l'eau pendant toute une nuit.

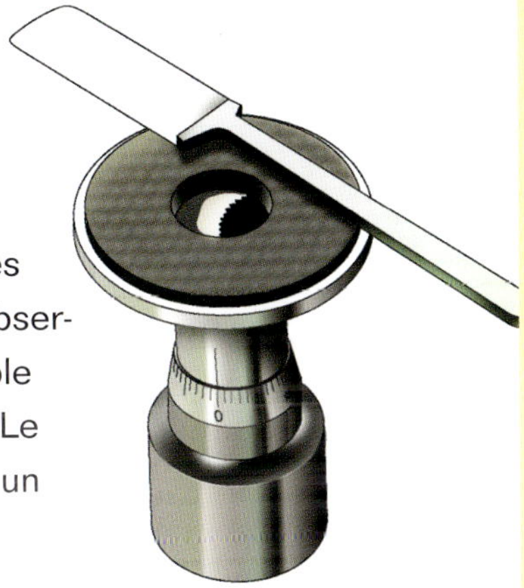

Microtome

Pour obtenir de très fines tranches de matière à observer, il existe un formidable appareil : le microtome. Le dessin ci-contre montre un microtome manuel.

Coupe transversale d'une feuille

La coupe transversale d'une feuille permet de distinguer les vaisseaux conducteurs, les cellules qui stockent l'eau, les stomates et surtout les cellules remplies de particules de chlorophylle.

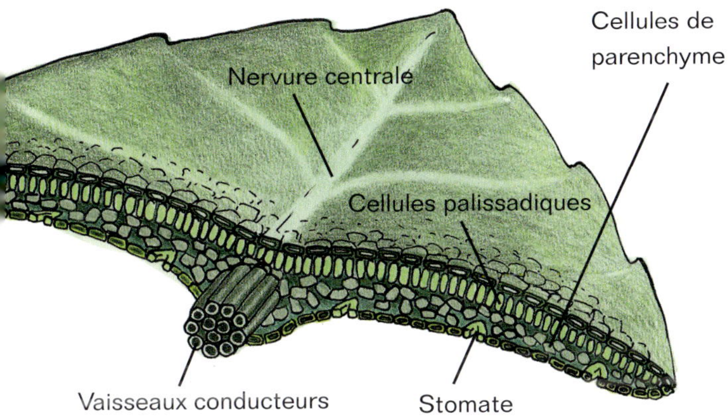

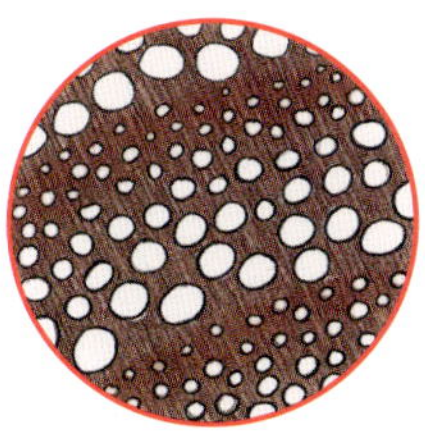

Bois rouge

La structure du bois peut être rendue visible avec de l'éosine. Tu pourras ainsi différencier les anneaux épais du printemps et les anneaux fins de l'automne.

Jeux de couleur

En microscopie, on utilise souvent des colorants pour faire ressortir certaines parties translucides des préparations. En pharmacie, tu trouveras de l'éosine ou du bleu de méthylène, mais tu peux aussi confectionner des colorants en diluant des teintures. Par exemple, la teinture d'iode diluée dans l'eau rend certaines parties visibles. Mais n'abuse pas des colorants, sinon les coupes seront trop sombres et tu ne verras plus rien. Pour l'utilisation des colorants, tu peux procéder de deux façons. Soit tu interviens avant la coupe : plonge la partie de plante à colorer pendant quelques minutes dans la solution colorée, puis rince-la à l'eau. Soit tu insères une goutte de solution colorée sous la lamelle à l'aide d'un buvard. Si, par la suite, tu ajoutes une ou deux gouttes d'eau, tu obtiendras une image microscopique plus claire.

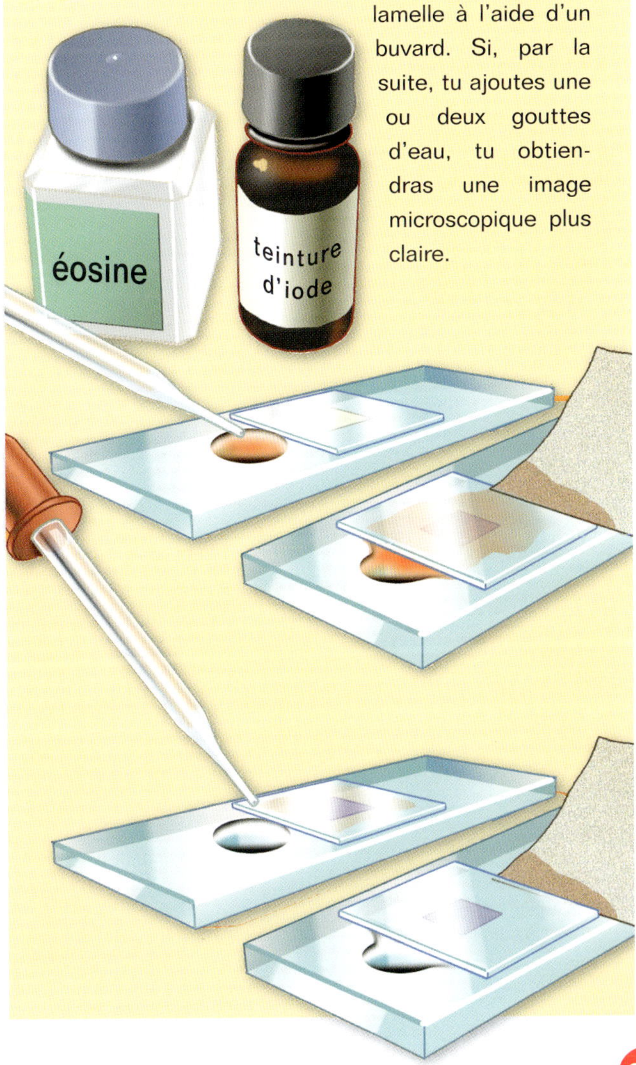

Mousses, lichens et fougères

Tu trouveras des mousses et des lichens aux endroits où aucune autre plante ne peut pousser. Ces végétaux sont petits et sans éclat. Par contre, les fougères peuvent être aussi grandes que toi. Toutes ces plantes ont cependant un point commun : elles ne produisent pas de fleurs.

Mousses

On en trouve en toute saison en forêt ou sur les pierres humides. Leurs petites feuilles sont particulièrement faciles à observer au microscope, car elles ne sont composées que d'une seule couche de cellules. Il te suffit de les poser le plus à plat possible sous la lamelle. Ces cellules sont remplies de granules chlorophylliennes sphériques.

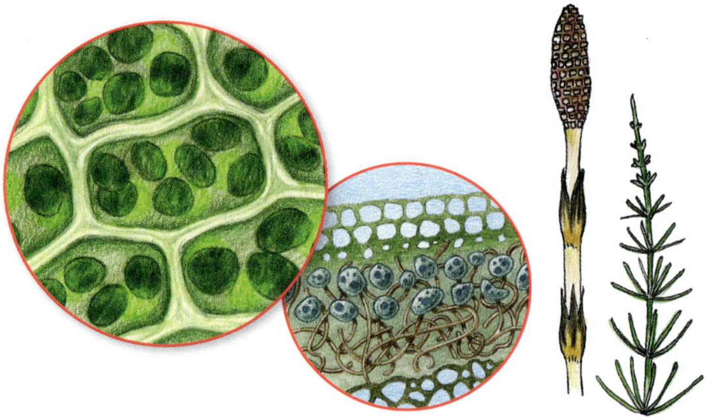

De gauche à droite : feuilles de mousse, lichens et prèle

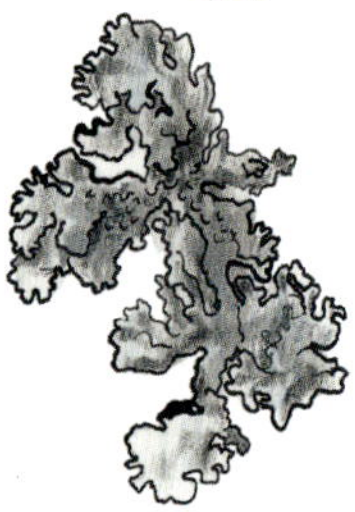

Lichens

C'est ainsi qu'on nomme les végétaux gris, verdâtres, jaunes, bruns ou orange qui recouvrent les pierres ou l'écorce des arbres. Le lichen se compose d'un champignon et d'une algue, qui forment ensemble une symbiose dont tous deux profitent. En procédant à une coupe fine de lichen, tu reconnaîtras les algues vertes qui se sont incrustées dans le tissu du champignon.

Fougères

Sur la face inférieure de leurs feuilles pennées, qui sont également appelées frondes, on peut voir des rangées de petits points bruns. À la loupe, on voit de petites réserves sur les pétioles. À l'automne, elles libèrent des spores brunes, qui donneront naissance à d'autres fougères.

Reproduction par les spores

Les plantes sans fleurs se reproduisent grâce aux spores. Chez les mousses, elles se trouvent dans les petites capsules, ou bonnets, qui dépassent du coussin. Chez les lichens, elles sont incluses dans le tissu et, chez les fougères, elles sont accrochées à la face inférieure des frondes. Les spores de l'herbe aux massues sont vendues en pharmacie sous le nom de poudre de lycopode. Saupoudre un peu de cette poudre jaune sur un porte-objet et observe-la sans lamelle. Chaque spore a quatre filaments. Quand ces derniers sont secs, ils sont déployés et offrent une bonne prise au vent. Ne respire pas trop près de la poudre, car les filaments se replieront vite autour de la spore sous l'effet de ton haleine humide.

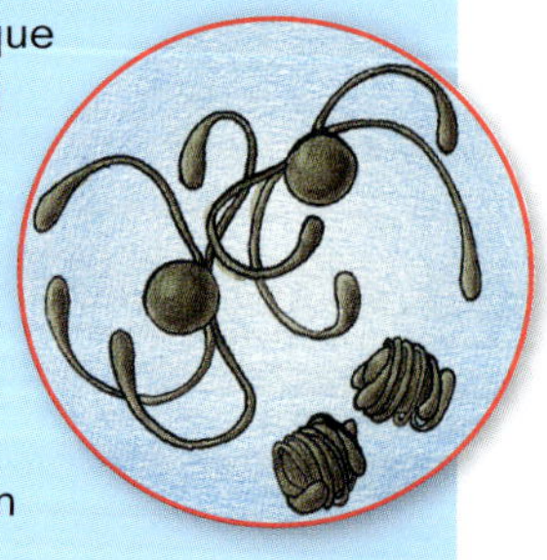

N'aie pas peur des araignées

Les araignées ont mauvaise réputation. Nombreux sont ceux qui ne supportent pas leur vue. Pourtant, les araignées d'Europe sont inoffensives pour l'être humain. La plupart du temps, leurs griffes venimeuses sont incapables de percer notre peau. Les araignées ont toujours huit pattes et un corps en deux parties, ce qui les différencie des insectes.

À l'intérieur de la toile

Les fils tissés par l'araignée sont très fins. Pourtant, ils sont très efficaces pour capturer les insectes. Sur certains fils, tu remarqueras une rangée de minuscules gouttes. Ce sont des gouttes de matière gluante contre lesquelles les proies capturées restent collées. Les fils se déroulent à partir de six glandes situées sur la face ventrale, à l'extrémité de l'abdomen. Si tu trouves une araignée morte, tu peux sectionner cette partie et la mettre dans de la paraffine.

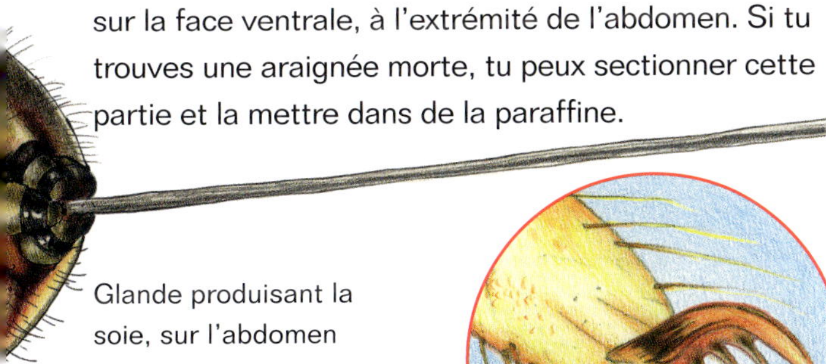

Glande produisant la soie, sur l'abdomen

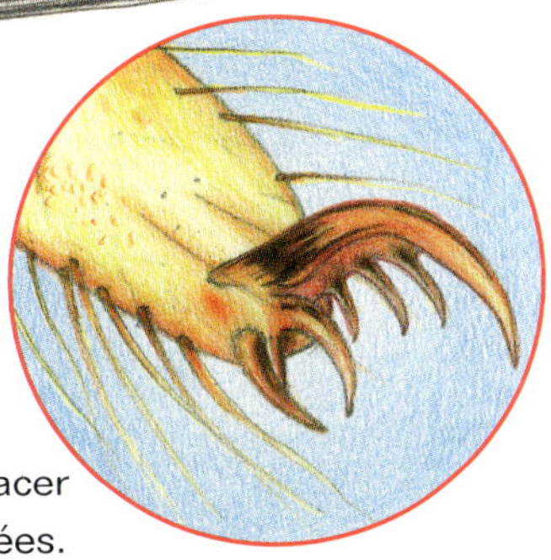

Grâce à ces griffes, les araignées peuvent se déplacer sur la toile sans rester collées.

Prélever des fils

Découpe un morceau de papier fin, à l'intérieur duquel tu as créé une fenêtre, que tu colles ensuite sur le porte-objet. De cette façon tu pourras attraper un peu de toile pour l'observer.

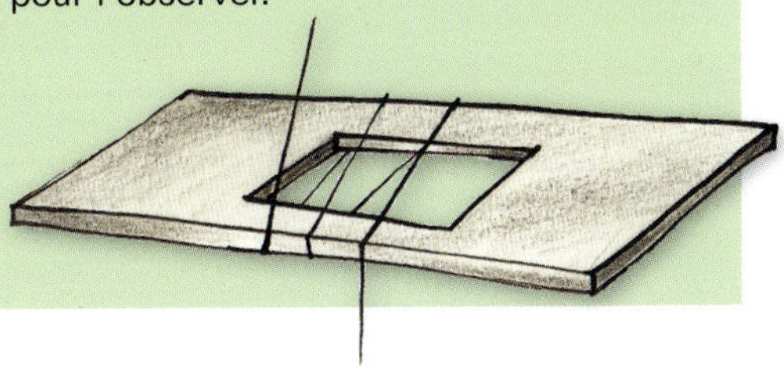

Portrait d'araignée

Trouve une araignée morte et sépare la tête du corps, puis place-la sur le porte-objet. Avec un faible grossissement et un éclairage par le haut, tu remarqueras huit points noirs. Ce sont les yeux. La mâchoire supérieure porte de puissants crochets acérés. Lors de la morsure, ils inoculent un poison paralysant dans le corps de la proie. Ensuite, l'araignée ingère ses victimes.

Acarien rouge

Acariens et tiques

Ils font aussi partie de la famille des araignées, mais leur corps n'est pas composé de deux parties distinctes. La plupart d'entre eux se nourrissent en suçant les plantes ou les animaux. Ils vivent dans la terre ou les tapis de feuilles au sol. Les acariens vivent également dans les livres et les sièges rembourrés.

Tique

Les insectes vus de près

Des millions d'espèces d'insectes vivent à la surface de la Terre. Tous les insectes adultes ont six pattes et un corps constitué d'une tête, d'un thorax et d'un abdomen. Leur étude est passionnante. Mais il ne faut pas les tuer ! Tu trouveras facilement des insectes morts, par exemple sur les pare-brise et les phares des voitures.

Observer les insectes

Dans un tube à essai hermétiquement fermé contenant de l'alcool à brûler, les insectes morts resteront longtemps intacts et tu pourras te constituer une collection. Pour l'observation, arrache les parties des insectes (morts !) avec des pincettes. Tu peux également utiliser un coupe-ongles.

Éclairer les parties d'insectes

Certaines parties, telles que les pattes et les yeux, sont trop opaques pour l'observation. Plonge-les pendant quelques jours dans de la glycérine et elles deviendront translucides. La glycérine est une matière incolore, huileuse, soluble dans l'eau et sans danger. On en trouve en pharmacie.

Ailes

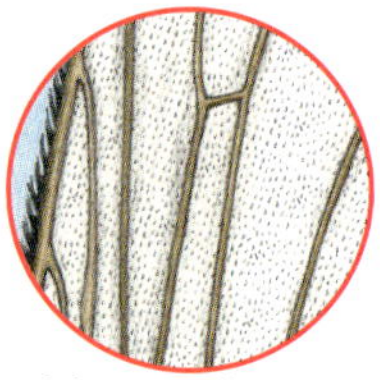

Veines d'une aile de mouche

Écailles d'une aile de papillon

Ce sont les membres des insectes les plus faciles à observer, car ils sont transparents. Tu pourras comparer les ailes des mouches, des abeilles, des guêpes et des moucherons. Remarque leurs veines sombres. Sur les ailes des papillons, tu remarqueras au microscope de fines écailles munies d'une minuscule tige, qui se superposent en partie.

Yeux

Chez les mouches, les abeilles, les taons et les libellules, ils occupent presque tout le volume de la tête. Pour observer les yeux d'insectes morts, découpe-les délicatement ou pose toute la tête sous l'objectif. S'ils sont trop opaques, ajoute une lampe latérale et dirige la lumière à partir du haut. Tu remarqueras alors une mosaïque de formes hexagonales. Chacune de ces « facettes » est un œil. Le cerveau de l'insecte fabrique une image globale de l'environnement à partir de chacune des images isolées. Grâce à leurs gros yeux à facettes, les mouches et bien d'autres insectes sont capables de voir en même temps dans toutes les directions.

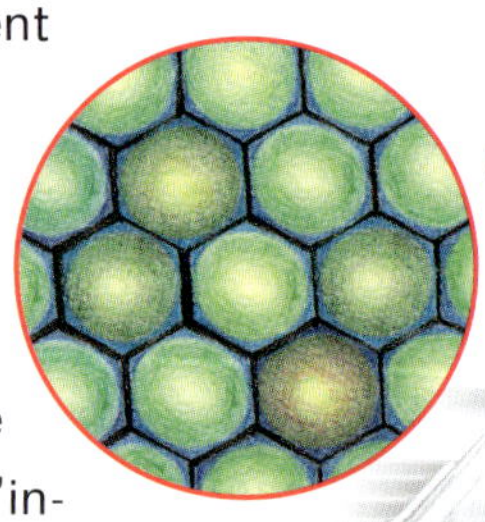

Facettes d'un œil

Tête de libellule

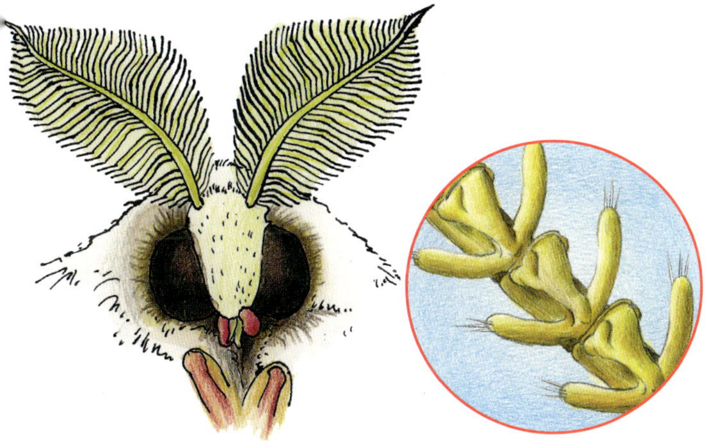

Antennes d'un papillon de nuit (vue agrandie à droite)

Insectes minuscules

Il est difficile de les prendre avec des pincettes sans les abîmer. La solution est de les prendre avec un pinceau humide et de les baigner dans une goutte d'eau sur le porte-objet.

Antennes

Elles sont garnies de cellules olfactives et représentent donc l'organe de l'odorat. Compare leurs formes différentes chez la mouche, le scarabée, le papillon et la phalène. Chez certaines espèces, les mâles ont des antennes bien plus grosses que les femelles. Cela leur permet de repérer leur partenaire de loin grâce aux odeurs que celle-ci dégage. Mais elles sont aussi associées au sens du toucher. Pour certains insectes, comme les fourmis et les abeilles par exemple, les antennes sont le principal moyen de communication.

Trompe de phalène

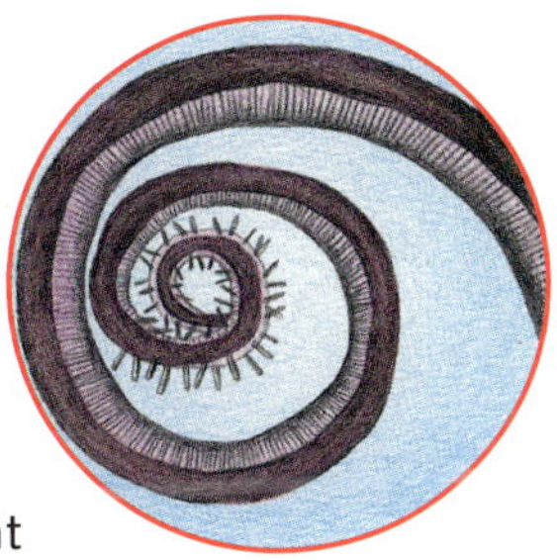

Appareil buccal

Il sert à la prise de nourriture et peut être très différent d'une espèce à l'autre. Les mouches domestiques aspirent la nourriture grâce à leur courte trompe. La trompe d'une phalène est beaucoup plus longue et est donc enroulée quand l'insecte vole. Elle n'est déployée sur toute sa longueur que pour aspirer le nectar. Chez les scarabées et les fourmis, la mâchoire est puissante et proéminente. Ils en ont besoin pour broyer et découper la nourriture solide.

Patte arrière d'une abeille avec sac à pollen

Pattes

Comme pour le corps, elles sont le plus souvent couvertes de poils. L'extrémité des pattes des mouches est munie de griffes leur permettant de marcher au plafond. Grâce à des coussinets adhésifs supplémentaires, elles peuvent aussi se déplacer sur les vitres. Compare les différentes formes de pattes, notamment chez les cafards, les bourdons et les abeilles.

Suceurs de sang

Le dard des moustiques est une merveille de la nature. Un fourreau enferme un ensemble de six aiguilles. Deux d'entre elles sont dentées et permettent au moustique de percer notre peau épaisse. S'il tombe sur un petit vaisseau sanguin, la trompe entre en action. S'il n'est pas dérangé, l'insecte triple son poids au cours de la succion. Pour que le sang ne coagule pas, le moustique injecte un liquide spécial dans la fissure. C'est ce qui produit la douloureuse démangeaison.

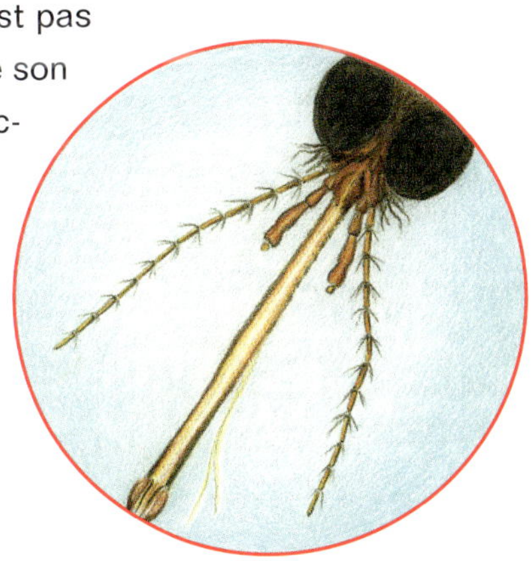

Dard de moustique

Le monde des insectes

En forêt ou dans les champs, tu rencontreras des milliers d'espèces d'insectes différentes. Essaie d'identifier les espèces les plus courantes !

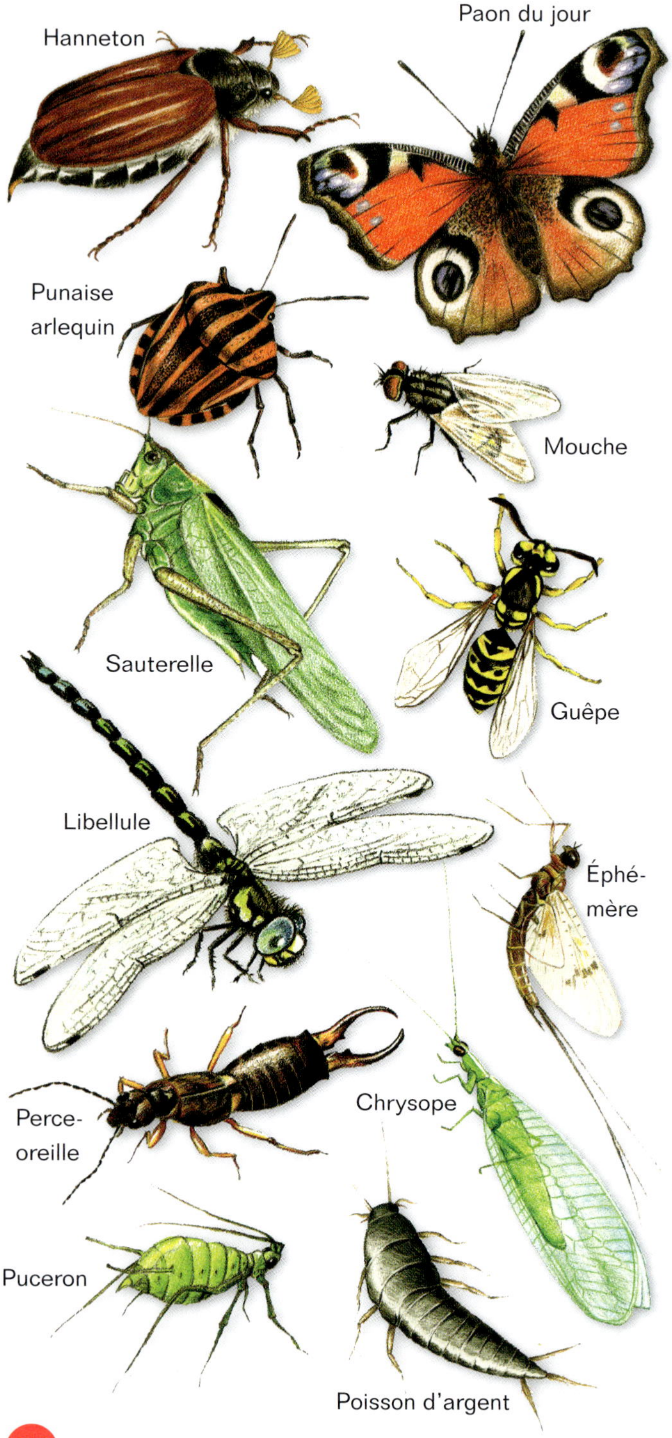

Larve dans une galle

Galles sur une feuille de chêne

Une boule habitée

Tu trouveras parfois des petites boules sur les feuilles des arbres. Ce sont des galles. Si tu en coupes une en deux, tu découvriras une petite larve d'insecte à l'intérieur. Elle s'est développée à partir d'un œuf qu'a pondu un insecte. Puis la larve a utilisé la plante pour se bâtir un habitacle. Certaines galles ne contiennent qu'une seule larve, d'autres en contiennent plusieurs.

Métamorphoses mystérieuses

Les buissons d'orties sont d'excellents endroits pour trouver des formes jeunes d'insectes. Il faut savoir que certains insectes changent complètement de forme au cours de leur vie. Dans le cas du papillon, cela commence avec une minuscule chenille sortie d'un œuf. Cette chenille grossit ensuite en se nourrissant de feuilles. Au bout de quelques semaines, elle se transforme en une chrysalide qui pend plusieurs jours à une branche. C'est à l'intérieur de la chrysalide qu'a lieu la transformation en papillon. Une fois formé, le papillon brise la chrysalide et prend son envol.

1 Œuf
2 Jeune chenille
3 Chenille
4 Chenille prête à former une chrysalide
5 Chrysalide
6 Papillon sortant de sa chrysalide

Préparations durables

De nombreux objets que l'on peut observer au microscope peuvent facilement devenir des préparations durables. Tu pourras ainsi disposer d'objets d'observation sans avoir à les chercher à nouveau dans la nature. Et tu pourras les observer autant de fois que tu le voudras.

Il y a quelques millions d'années, une goutte de résine a emprisonné cette araignée. En durcissant, la résine s'est transformée en ambre et a fossilisé l'animal.

Tout comme l'ambre a conservé cette araignée, tu peux également conserver durablement certains objets en les incluant dans un milieu de conservation. Tu peux ensuite les ranger dans une valise à préparations et, quelques mois plus tard, les comparer avec d'autres observations. La façon la plus simple de réaliser une préparation durable est d'utiliser un milieu de conservation artificiel appelé glycérine-gélatine. Il s'agit d'une gelée incolore qui fond en se réchauffant et se solidifie à nouveau en se refroidissant. Avec la glycérine-gélatine, on peut, par exemple, conserver des parties d'insectes ou d'araignées (appareil buccal, ailes, yeux, pattes, etc.), des petits insectes et aussi des parties de plantes, comme le pollen, les spores ou des coupes transversales. Le gros avantage de la glycérine-gélatine, contrairement aux autres milieux de conservation, est qu'elle ne devient pas trouble quand il reste un peu d'eau ou d'alcool dans la préparation. Seuls les organismes vivant dans une goutte d'eau ne se conservent pas ainsi.

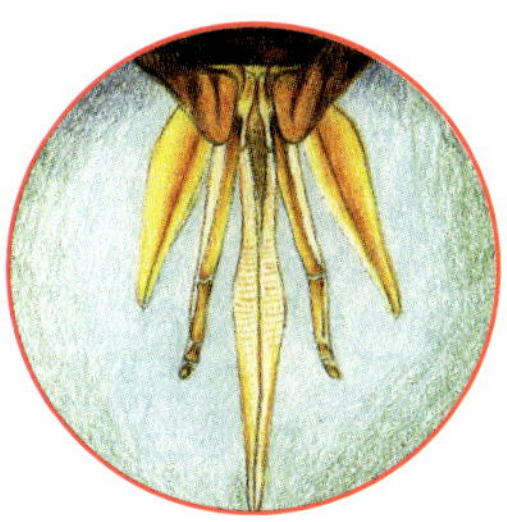

Appareil buccal de l'abeille

Se confectionner une préparation durable

1. Commence par poser un morceau de glycérine-gélatine sur un porte-objet.
2. Réchauffe-le délicatement à la flamme d'une bougie pour faire fondre la gélatine. Perce éventuellement les bulles d'air avec une aiguille.
3. Dans la gélatine liquide, inclus la partie que tu souhaites conserver.
4. Recouvre la préparation d'une lamelle. Veille à ce qu'aucune bulle n'apparaisse. Laisse ensuite reposer le porte-objet pendant quelques jours à plat et laisse le tout se solidifier.
5. Entrepose verticalement les préparations à la gélatine-glycérine, car elles ont tendance à glisser, ce qui produit un desséchement sur les bords. Il est conseillé d'enduire les bords de vernis à ongles incolore ou de colle pour les sceller.

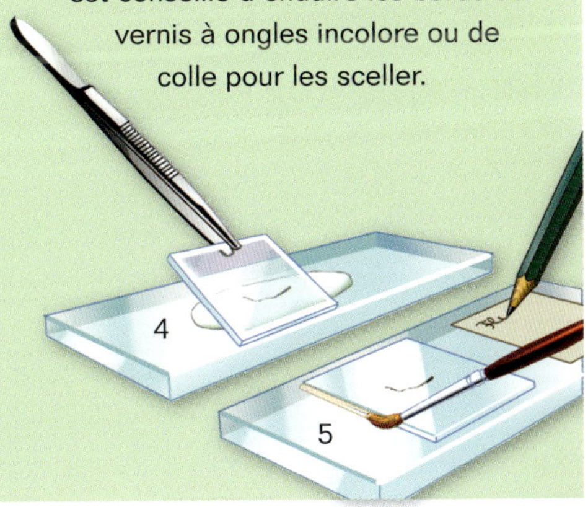

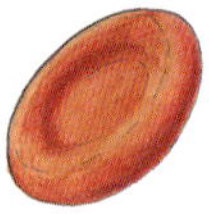

Sang et cheveux

Ton propre corps peut être un objet d'observation passionnant. Tu pourras ainsi observer au microscope les différents composants du sang. Savais-tu que les cheveux et les poils étaient tous différents selon les espèces ?

Le sang au microscope

Ce ne doit pas forcément être ton propre sang, quelques gouttes coulant d'un morceau de viande feront également l'affaire. Comme le sang est un liquide plutôt opaque, tu dois l'étaler. Tu remarqueras un grand nombre de rondelles pâles. Ce sont les globules rouges, qui transportent l'oxygène des poumons vers tous les organes. Les quelques cellules de formes irrégulières représentent les globules blancs. Ces derniers luttent contre les microbes porteurs de maladies.

Poils et cheveux

Tu as déjà sûrement observé depuis longtemps un de tes propres cheveux ou de tes poils au microscope. Compare-les avec celui d'un de tes frères ou d'une de tes sœurs. Vois-tu une différence avec les tiens ? Observe également des fils de coton et compare-les avec les fils d'un pullover en laine. Les fils de lin sont creux à l'intérieur. Les poils d'animaux ont un tout autre aspect. Si tu as un chat ou un chien, il te sera très facile d'en trouver.

En bouche

Gratte une de tes dents et colore à l'éosine la matière obtenue. Si tu y remarques de nombreuses bactéries, nous te conseillons de te laver les dents plus souvent ! Tu découvriras également de minuscules cellules si tu passes un manche de cuillère à l'intérieur de la joue pour y extraire un peu de muqueuse.

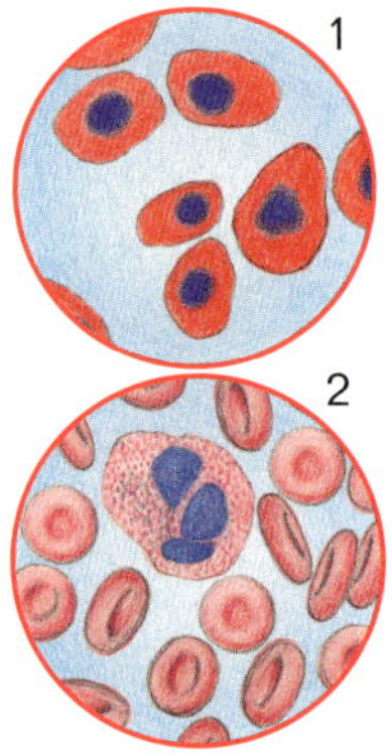

1 Tu trouveras ce genre de cellules dans la muqueuse des gencives (en couleur sur le dessin). Pour teinter ce type de préparation, le mieux est d'utiliser du bleu de méthylène ou de la teinture bleue, ou noire, diluée.
2 Globules rouges et blancs, teintés avec deux colorants.

Étaler le sang

Dépose une goutte de sang sur le porte-objet, pose verticalement un deuxième porte-objet et fais-le délicatement glisser vers l'arrière pour que la goutte devienne une très fine surface jaunâtre. Recouvre-la ensuite avec une lamelle.

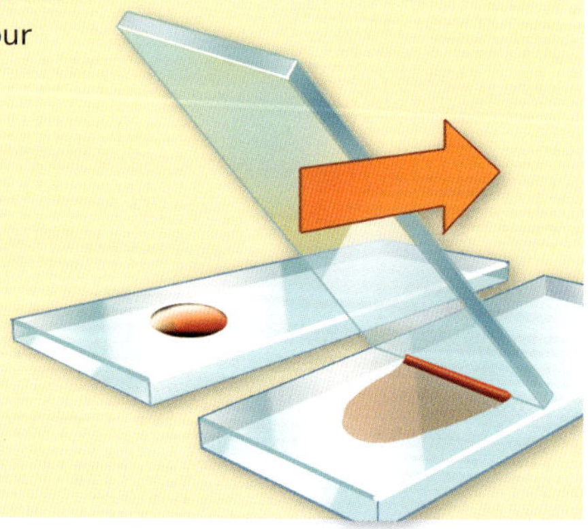

Le monde merveilleux des cristaux

On trouve des cristaux dans le sel, le sucre, la roche, les flocons de neige et les fleurs de glace. Étale quelques cristaux de sel ou de sucre sur le porte-objet du microscope ou confectionne toi-même des cristaux pour en admirer les belles structures régulières.

Cristaux dans la peau brune d'un oignon

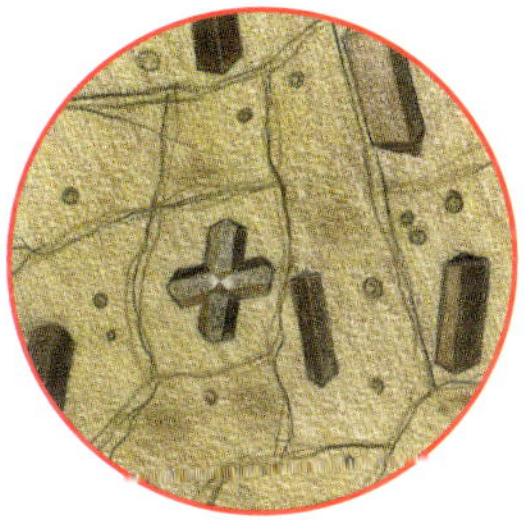

Cristaux de sel de cuisine

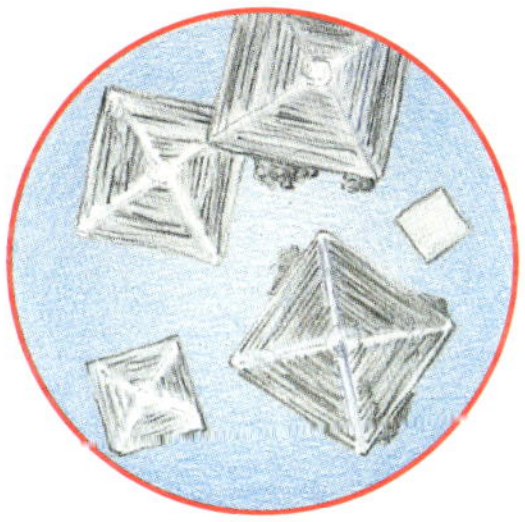

Des cristaux partout

Tu peux fabriquer des cristaux de sel, de carbonate de sodium, d'acide citrique, de soude, de vitamine C, d'acide tartrique et d'autres matières solubles dans l'eau. En pharmacie, tu trouveras d'autres produits pouvant générer de beaux cristaux. Compare les différents cristaux. Ils sont tous différents et tous très beaux.

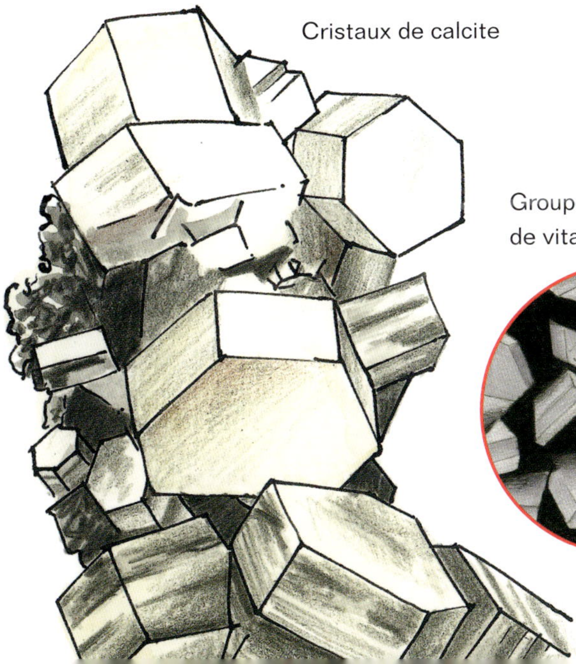

Cristaux de calcite

Groupe de cristaux de vitamine C

Confection de cristaux

Si tu veux, par exemple, produire des cristaux de sucre, dissous un peu de sucre dans une cuillère d'eau chaude. Extrais une goutte de cette solution pour la déposer sur un porte-objet et laisse-la reposer (sans la recouvrir d'une lamelle !) jusqu'à ce que l'eau se soit évaporée. Le sucre forme alors une jolie couche blanche cristallisée. Plus l'eau s'évapore rapidement, plus les cristaux sont beaux. Tu peux, si tu le souhaites, observer au microscope le processus de transformation en cristaux.

Sur les traces de la lumière

Les éléments les plus importants d'un microscope sont les lentilles de l'oculaire et de l'objectif. Elles modifient les rayons de lumière pour que tu puisses avoir une image agrandie. Mais comment fonctionnent-elles ? Depuis des siècles, les lentilles ont permis de pénétrer dans l'univers de l'infiniment petit. Grâce à elles, les médecins et les biologistes ont pu faire d'importantes découvertes.

Qu'est-ce qu'une distance focale ?

Tu ne dois réaliser cette expérience qu'en présence d'un adulte !

Tiens une loupe devant un morceau de papier sombre et laisse la lumière du soleil agir. Au bout de quelques secondes, dans certains cas, tu verras le papier dégager de la fumée et même peut-être brûler. Sois très prudent !

Le papier ne brûlera que si la loupe est à la bonne distance du morceau de papier, c'est-à-dire suffisamment près pour que le point lumineux du soleil soit le plus petit possible. Rapproche, puis éloigne la lentille du papier pour observer le changement de taille du point lumineux.

La raison pour laquelle le papier se calcine tient à la capacité de la lentille à courber les rayons solaires, qui étaient auparavant parallèles, et à les rassembler en un point unique. Ce point s'appelle le foyer. La distance entre la lentille et le foyer est la distance focale de la lentille.

La distance focale d'une lentille dépend, entre autres, de la courbure de la lentille : plus la lentille est arrondie, plus la distance focale est courte. Si on place deux lentilles à une certaine distance l'une de l'autre, la deuxième lentille agrandit encore l'image donnée par la première. Ce système de lentilles groupées (dans l'objectif et l'oculaire) s'appelle un microscope.

Fonctionnement d'une loupe

Observe une allumette à l'œil nu. Pour la voir avec netteté, tu dois la tenir à environ 25 cm de tes yeux. Observe-la maintenant à la loupe. Pour que l'image soit nette, tu dois rapprocher l'allumette de la lentille. La distance séparant les deux est la distance focale. Elle est très inférieure à 25 cm. Avec une loupe puissante, elle peut être réduite à 2,5 cm. Ce qui signifie que tu peux te rapprocher 10 fois plus près qu'à l'œil nu et voir l'allumette en 10 fois plus grand. La loupe a donc agrandi 10 fois l'image de l'objet.

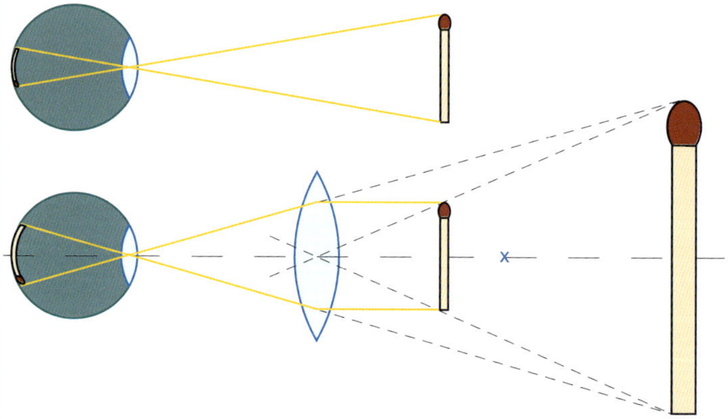

Sans loupe, les rayons lumineux de l'allumette parviennent directement à l'œil (pour simplifier, nous n'avons représenté que les deux rayons extérieurs). La lentille courbe les rayons lumineux. On dit qu'elle « brise » la trajectoire de la lumière. Ainsi, l'image de l'allumette apparaît agrandie à l'œil.

Fonctionnement d'un microscope

Le microscope est composé de deux éléments : l'objectif et l'oculaire. L'objectif fonctionne comme une première loupe superpuissante. Il projette une image agrandie de la préparation. L'oculaire agit comme une deuxième loupe et agrandit encore plus cette image. Il faut savoir qu'une lentille simple ne produit pas une image parfaite. Pour remédier à ce problème, les objectifs et les oculaires des microscopes actuels sont composés de plusieurs lentilles superposées. C'est pourquoi les microscopes sont si chers.

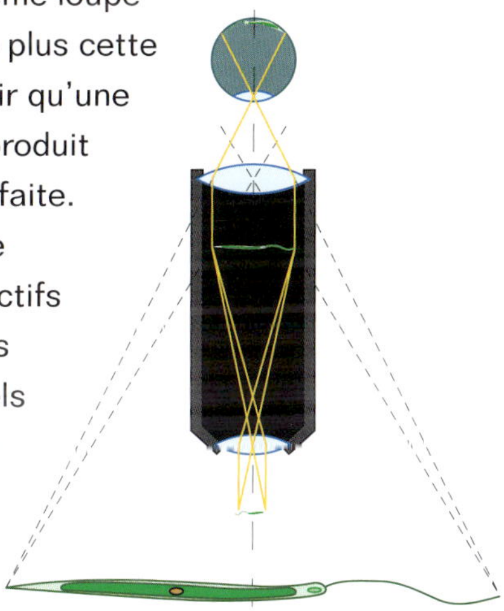

Historique du microscope

Le microscope composé a été inventé par Zacharias Janssen, un opticien néerlandais, vers 1600. Le premier à avoir compris l'importance de cet appareil pour l'observation des formes de vie est le physicien anglais Robert Hooke. Il a fait état de ses observations dans son ouvrage intitulé *Micrographia* (1667).

Cellules de liège décrites par Hooke

Un amateur découvre un nouveau monde

Parmi les premiers utilisateurs de microscopes, le plus important ne fut pas un scientifique, mais un commerçant néerlandais appelé Antoni Van Leeuwenhoek (1632-1723). Il tailla ses lentilles, se confectionna un microscope et découvrit, entre autres, des particularités sur des corps d'insectes, des globules rouges, les appareils venimeux des araignées. Mais il fut surtout le premier à explorer le monde microscopique d'une goutte d'eau et à y découvrir une vie que personne avant lui ne soupçonnait.

Chasseur de bactéries

Robert Koch, un médecin allemand, découvrit des bactéries dans le sang de moutons morts du charbon, une maladie qui était aussi bien mortelle pour les moutons que pour les hommes. En 1876, il put prouver que ces bactéries étaient à l'origine de la maladie. Quelques années plus tard, il découvrit les bactéries responsables de la tuberculose et du choléra. La bactérie de la tuberculose porte son nom : bacille de Koch.

Bactéries de tuberculose dans le sang

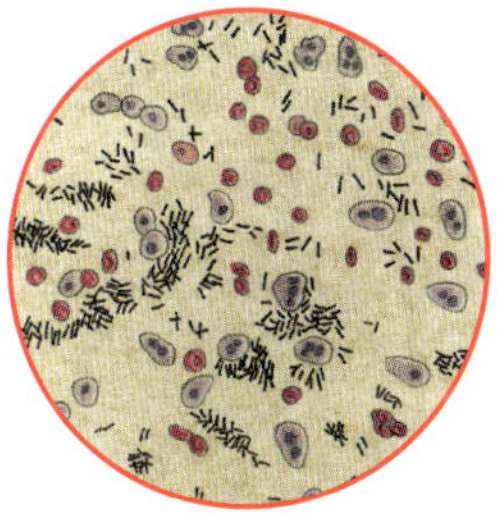

Le calcul remplace l'expérimentation

Jusqu'en 1880, les microscopes étaient le produit de l'expérimentation : on taillait des lentilles et on essayait de les associer pour trouver les meilleures combinaisons. En 1886, le fabricant de microscopes Carl Zeiss engagea Ernst Abbe, un jeune physicien, à Iéna. Ce dernier fut le premier à recourir aux lois de l'optique pour aboutir aux meilleurs objectifs. Après quelques échecs qui faillirent ruiner Zeiss, le projet aboutit. La firme put dès lors fabriquer le meilleur microscope du monde. Entre temps, le chimiste Otto Schott mit au point un nouveau type de verre, de meilleure qualité et plus pur, pour la firme Zeiss. Aujourd'hui, c'est avec l'aide de l'ordinateur que l'on fabrique des objectifs de microscope toujours plus performants.

Rendre les atomes visibles

Les objets ayant une taille inférieure au 3 000e de millimètre ne peuvent pas être observés au microscope optique. La raison réside dans les propriétés de la lumière. Mais les microscopes utilisant des électrons peuvent aboutir à des grossissements bien plus élevés. Sur ces deux pages, tu pourras te familiariser avec les différents microscopes électroniques.

Microscopie électronique à transmission : MET (ou TEM en anglais pour *Transmission Electron Microscopy*)

En microscopie électronique à transmission, le faisceau d'électrons fonctionne un peu comme le faisceau de lumière dans un microscope optique. Mais l'épaisseur de l'objet ne doit pas dépasser 1/10 000e de millimètre. L'objet repose sur un filet métallique à très fines mailles. L'image agrandie (jusqu'à 500 000 fois) s'affiche sur un écran. Avec ce microscope, les chercheurs peuvent explorer l'intérieur des cellules et observer les virus. Ceux-ci sont en effet des milliers de fois plus petits que les bactéries.

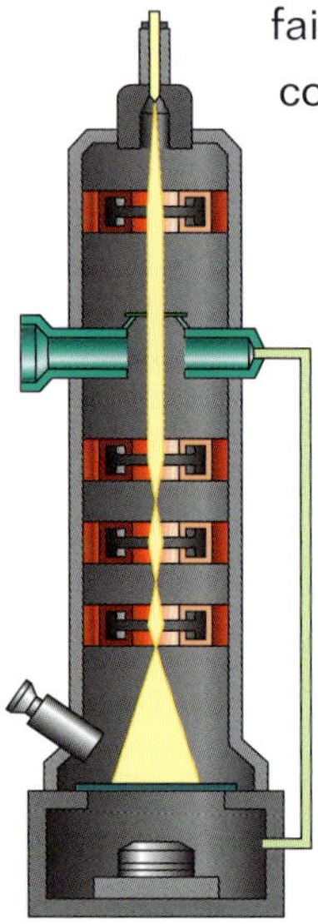

Coupe longitudinale d'un MET

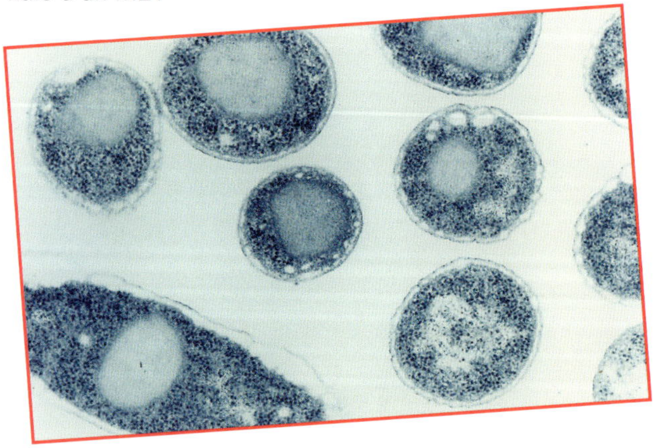

Cliché au MET d'un colibacille

Fourmi au MER, agrandie et artificiellement colorée

Microscope électronique par réflexion : MER (ou REM en anglais pour *Reflection electron microscopy*)

Avec le microscope électronique par réflexion, les électrons ne pénètrent pas dans l'objet. C'est le faisceau réfléchi qui est détecté à la surface de l'objet. Les électrons libérés en atteignant la surface sont plus ou mois nombreux. Un détecteur les capte. Pendant que le faisceau électronique balaie l'objet, un rayon lumineux est généré sur un écran. Sa luminosité est réglée par le détecteur, car elle dépend du nombre d'électrons libérés. C'est ainsi que l'on obtient petit à petit une image agrandie. Les MER livrent des images d'une grande qualité. Ils ne se contentent pas,

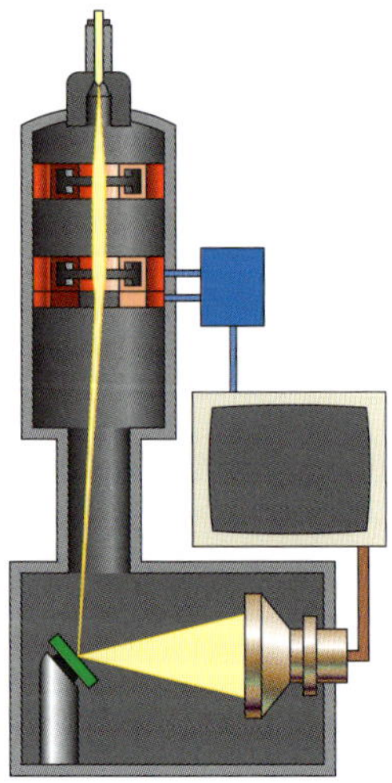

Coupe longitudinale d'un MER

Cliché au MER de pollen de saule

comme les MET et les microscopes optiques, de ne reproduire avec netteté qu'une surface très fine. C'est pourquoi l'objet ne doit pas contenir d'eau et être saupoudré, avant l'observation, d'une minuscule couche d'or. Il arrive souvent que les images, qui sont à l'origine en noir et blanc, soient colorées artificiellement.

Microscope à force atomique : MFA (ou AFM en anglais pour *Atomic force microscope*)

Le microscope à force atomique permet d'agrandir une image des millions de fois. Une fine pointe réagit aux forces qui existent entre les atomes et les molécules. Un rayon laser enregistre les moindres mouvements de la pointe. Le MFA est utilisé pour la recherche biologique et il fonctionne également quand l'objet est entouré d'eau. Il permet d'obtenir des images de la surface des cellules vivantes.

Électrons

Ce sont des composants d'atome, électriquement chargés. S'ils voyagent le long d'un fil de cuivre, on obtient du courant électrique. Comme pour la lumière, les rayons peuvent être réunis en faisceaux.

Microscope à effet tunnel (STM en anglais pour *Scanning tunneling microscope*)

Le microscope à effet tunnel comporte une pointe ayant une résolution atomique (capable de mesurer des distances équivalentes au diamètre d'un atome). Elle est parcourue par un courant électrique faible, dont la force dépend principalement de la distance entre elle et la surface de l'objet. Si cette distance diminue de moins 1/1 000 000 de millimètre, la force du courant augmente des milliers de fois. Pendant l'observation, la pointe ne se déplace que ligne par ligne pendant qu'un dispositif maintient la force du courant constante. Les déplacements verticaux de la pointe sont enregistrés pour reproduire la topographie de la surface. Comme pour le MER, un rayon lumineux retranscrit simultanément les mouvements de la pointe et permet d'aboutir à une image de la surface de l'objet agrandie des millions de fois.

Paramécie

Bactérie de la tuberculose

Virus de la grippe

En haut : Rapport de grandeur entre une paramécie, une bactérie de la tuberculose et un virus de la grippe

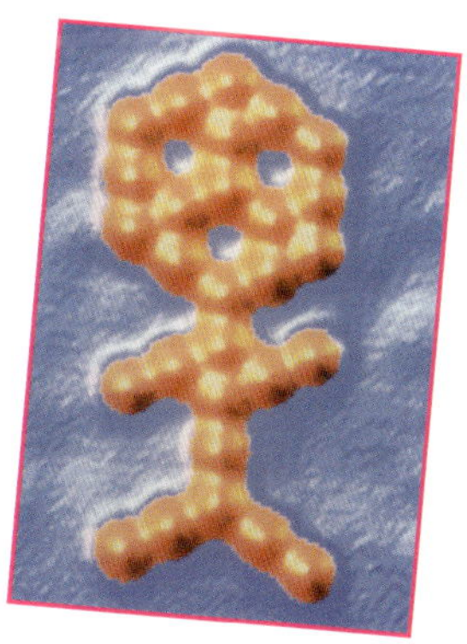

« Petit homme » reconstitué avec 28 molécules grâce au microscope à effet tunnel

Le microscope et la science

Les microscopes optiques et électroniques sont depuis longtemps devenus des outils importants de la recherche et de la technologie. Ils peuvent, par exemple, identifier des criminels ou déterminer le climat de l'âge de pierre. Ils peuvent aussi analyser la qualité des marchandises et aider à combattre les maladies.

Criminalistique

La police scientifique analyse au microscope les traces retrouvées sur les lieux d'un délit ou dans la demeure d'un suspect. L'examen des fibres de tissu permet, par exemple, de savoir quels habits étaient portés. Certains échantillons peuvent déterminer la couleur de cheveux du suspect et s'il est récemment allé chez le coiffeur (présence de poils courts). Des traces de terre sur un tapis peuvent indiquer les lieux où il s'est récemment rendu. Un microscope MER peut étudier les minuscules traces d'impact lors d'un accident de la circulation pour identifier la marque et le modèle de la voiture et donc retrouver un automobiliste ayant pris la fuite. Lors du tir, chaque balle ou cartouche se voit striée différemment selon l'arme utilisée. Quand on retrouve une arme chez un suspect, il suffit donc de l'utiliser pour comparer les traces microscopiques laissées sur la balle. C'est de cette façon que l'on aboutit à des preuves irréfutables.

Trace de peinture sur une voiture

Comparaison de deux balles au microscope. Toutes deux ont été tirées avec la même arme.

L'empreinte digitale est différente pour chaque être humain. Elle permet donc d'identifier quelqu'un avec certitude.

Contrôle des denrées alimentaires

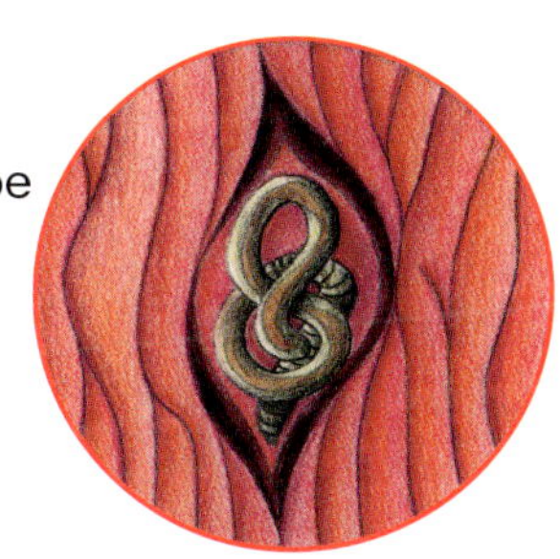

Les instituts de recherche agronomique et les vétérinaires étudient au microscope les maladies des cultures ou du bétail. Les céréales peuvent, par exemple, être attaquées par des champignons microscopiques, qui mettent les récoltes en danger. Dans le sol également, des parasites peuvent attaquer les betteraves ou les pommes de terre. Les agents responsables du contrôle des aliments prélèvent régulièrement des échantillons dans les magasins et les entrepôts. Les industries alimentaires, les cuisines des restaurants et les aliments importés sont également contrôlés en permanence. Grâce au microscope, on peut diagnostiquer la contamination des denrées par des bactéries, des champignons ou de minuscules insectes, ou prouver la présence de produits illicites. Les relevés permettent, entre autres, de déterminer de quelle plante exactement provient tel miel commercialisé. Dans la viande porcine, on peut trouver des vers (trichines, voir illustration), qui occasionnent de graves maladies après ingestion.

De quoi est composée la poussière ?

Prélève un peu de poussière en différents endroits de la maison : salle de séjour, garde-robe, paillasson, endroit où dort le chien ou le chat, voiture garée dehors et naturellement sac d'aspirateur.
Au microscope, examine les échantillons dans une goutte d'eau.
Selon la provenance de la poussière (par exemple, le sol ou une armoire), le lieu d'habitation (ville ou campagne), la saison, tu trouveras des choses très différentes : fibres de tissu ou de tapis, bouts de plumes, poils, squames de peau, pollen, spores, suie et même micro-organismes.

Fragments de suie

Fibres

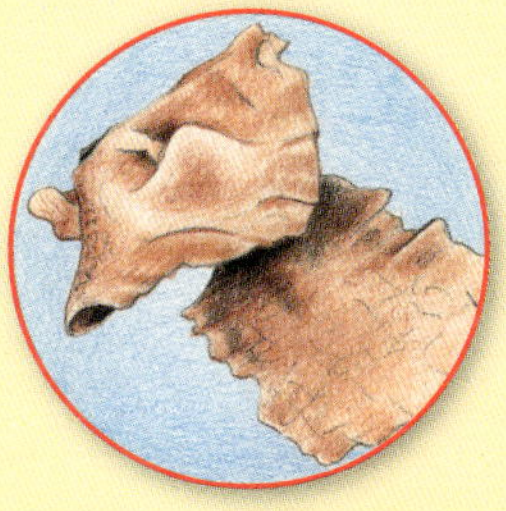

Squames de peau

Particules de sable trouvé dans la rue

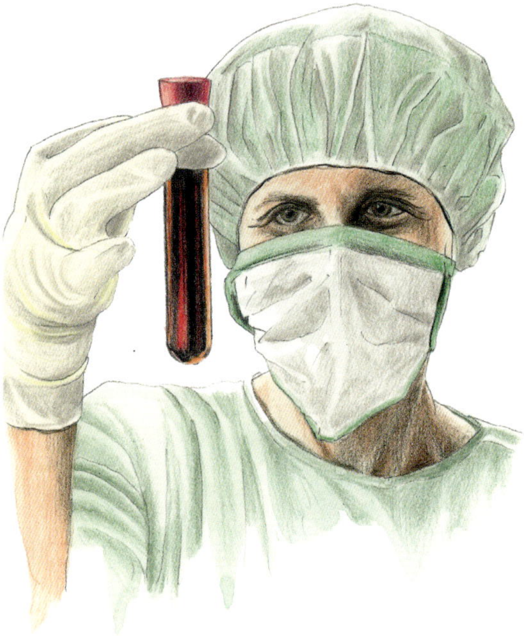

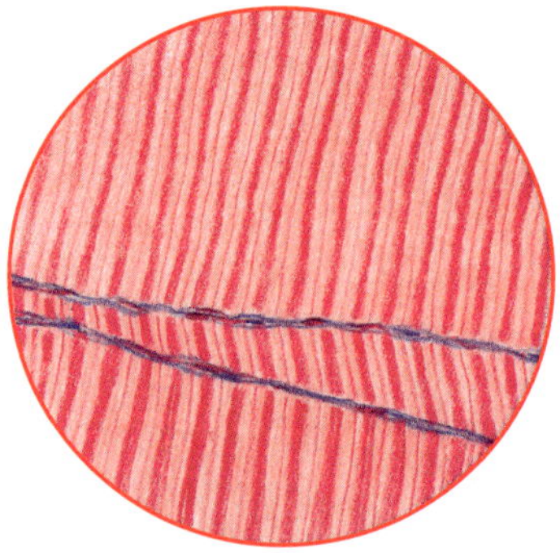

Cellules musculaires, coupe transversale

Boules, bâtonnets, vis, spirales... les bactéries prennent des formes très diverses.

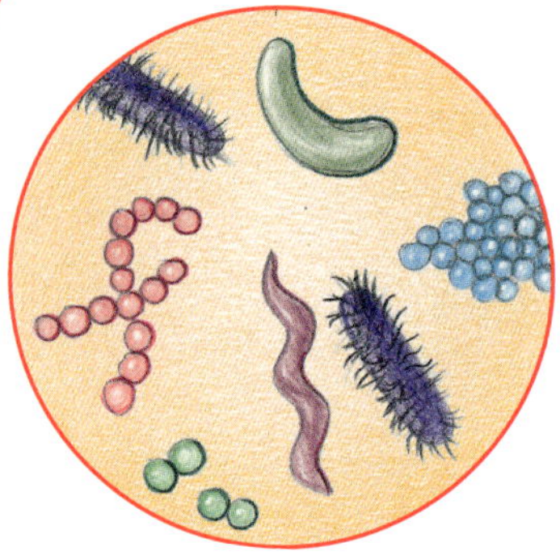

Médecine

Les microscopes sont présents dans tous les lieux où se pratique la médecine, notamment dans les laboratoires médicaux. En analysant le sang, l'urine ou des prélèvements de muqueuse, on peut, par exemple, découvrir des bactéries, des champignons microscopiques ou d'autres micro-organismes responsables de maladies. Certains troubles du métabolisme se détectent également en analysant le sang ou l'urine. Grâce à l'analyse du matériau génétique de quelques cellules, les femmes enceintes peuvent, si elles le désirent, savoir quelles maladies génétiques sera susceptible de développer leur futur enfant, ou plus simplement de quel sexe il sera. Dans des laboratoires spécialisés, des biologistes analysent des échantillons de tissus humains pour voir s'ils contiennent des cellules cancéreuses ou si ces cellules ont d'autres anomalies. L'industrie pharmaceutique teste les nouveaux médicaments sur des animaux de laboratoire ou des cultures de cellules (donc des cellules cultivées dans un bouillon de culture). L'examen des cellules au microscope donne des informations sur d'éventuelles anomalies. La médecine légale s'occupe des cas de décès suspects. Les examens d'autopsie permettent de déterminer si la mort est accidentelle ou non, et à quand elle remonte.

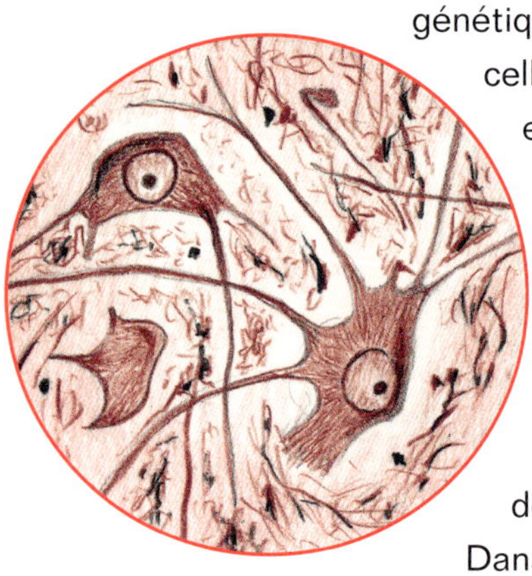

Cellules nerveuses avec leurs prolongements

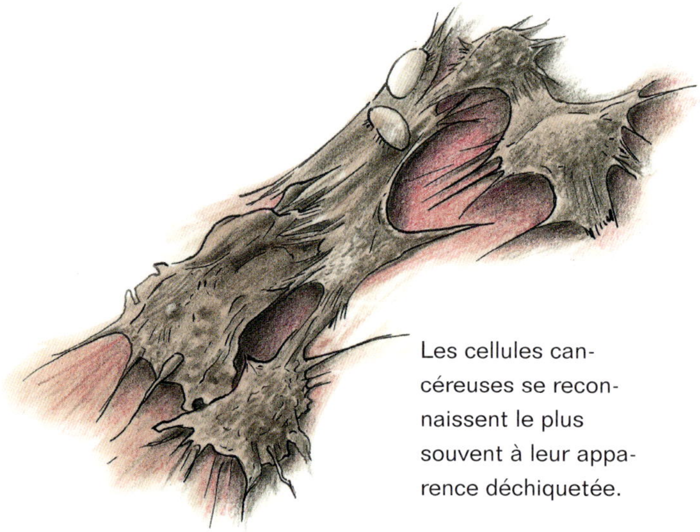

Les cellules cancéreuses se reconnaissent le plus souvent à leur apparence déchiquetée.

Archéologie

Comment ont vécu les hommes de l'Antiquité ? Pour le savoir, les archéologues fouillent les vestiges d'anciennes villes, inspectent des tombes et des grottes datant de milliers d'années et sondent les puits à la recherche d'objets qui y auraient été jetés. L'examen microscopique d'anciens objets aboutit souvent à des résultats probants. Les graines indiquent, par exemple, le type de culture cultivée. Des éclats d'ossements nous renseignent sur les animaux élevés ou chassés. Les éclats de bois indiquent de quel arbre ils proviennent. Les traces de fibres donnent une idée du type de vêtements portés.

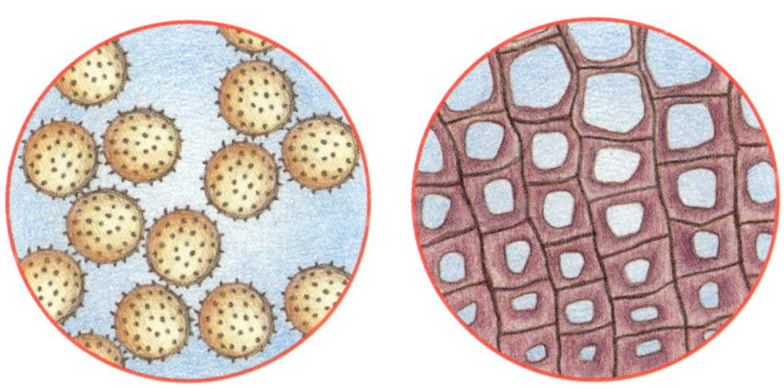

Les grains de pollen (à gauche) indiquent, par leur forme, de quelle plante ils proviennent. Les cellules de résine (à droite) identifient l'espèce d'arbre qui les a produites.

Protection de l'environnement

La pollution peut être visible ou invisible. Pour vraiment déterminer si une eau ou une terre sont polluées, il faut en examiner un échantillon au microscope. L'examen chimique de l'eau d'un ruisseau, d'une rivière ou d'un étang permet d'en établir la composition. L'examen microscopique de la microfaune permet de contrôler la fréquence à laquelle des produits toxiques, des eaux d'égout ou des déchets agricoles sont déversés dans l'eau. Le compte des espèces d'algues, vertes ou autres, et des organismes sert dans ce cas à déterminer si l'eau est propre, passablement propre ou polluée.

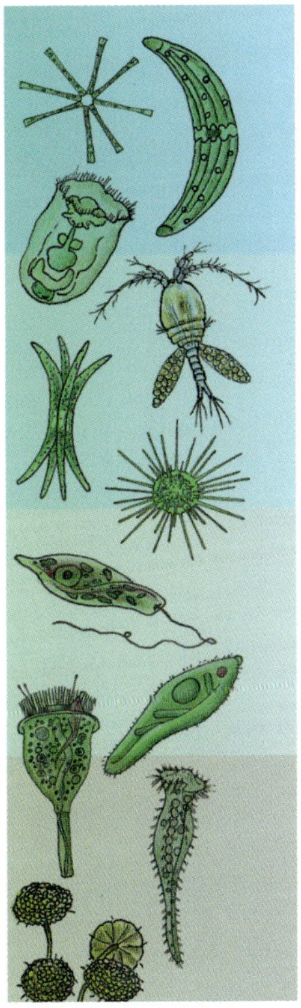

Technologie

Un avion s'écrase, un train déraille : quelle en est la cause ? Là aussi, les analyses microscopiques sont nécessaires. Les fragments suspectés d'être à l'origine de la défaillance sont examinés pour voir s'ils ne cachent pas des fissures invisibles à l'œil nu. Selon la forme et l'aspect de ces microfissures, un expert pourra déterminer si elles sont dues à l'accident ou si, au contraire, elles étaient antérieures et ont pu provoquer cet accident. Ou encore si quelqu'un a délibérément commis un acte de sabotage. Il s'agit alors d'un acte criminel et la police doit entrer en action pour démasquer le coupable. Les microscopes sont également très utiles pour le contrôle permanent de la qualité des produits manufacturés, notamment dans le cas des microsystèmes tels que les puces d'ordinateur.

Microprojets

Après ce voyage d'exploration dans le monde microscopique, tu as peut-être envie de mettre la main à la pâte et de mener à bien des projets concrets. Ces deux pages te donneront quelques pistes à suivre pour devenir un véritable chercheur en herbe. Ces activités peuvent s'inscrire dans un projet scolaire ou entrer dans le cadre d'un travail associatif.

Cet étang est-il propre ?

En observant les êtres vivants présents dans l'eau, tu pourras attribuer une bonne ou une mauvaise note écologique aux ruisseaux et aux étangs de ta région, ou, si tu en as un, au bassin d'eau de ton jardin. Les résultats de tes analyses seront encore plus intéressants si un changement se produit dans l'environnement de la surface aquatique (par exemple, l'installation d'une usine polluante à proximité du point d'eau étudié), car tu pourras alors comparer tes résultats et observer l'évolution dans la répartition des espèces. Pour cela, prélève régulièrement de l'eau, par exemple toutes les quatre semaines (une fois par mois environ). Le chapitre intitulé « La vie dans une goutte d'eau » te donnera des indications sur la microfaune typique d'une eau propre. Une espèce animale ou végétale est-elle apparue ou a-t-elle disparu ?

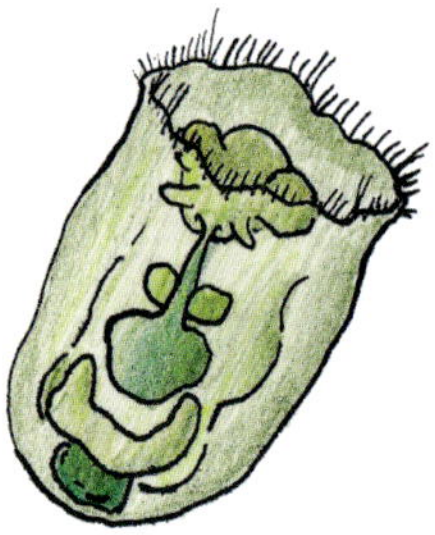

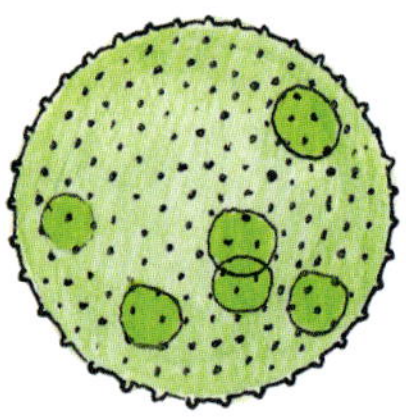

Tu ne dois pas te limiter aux eaux stagnantes. Découvre aussi quelles formes de vie peuplent les sources, les bassins de déversement des petites cascades ou le lit des ruisseaux. Naturellement, les fontaines, en ville ou à la campagne, constituent également des milieux de vie. N'hésite pas, là non plus, à effectuer quelques prélèvements à des périodes différentes.

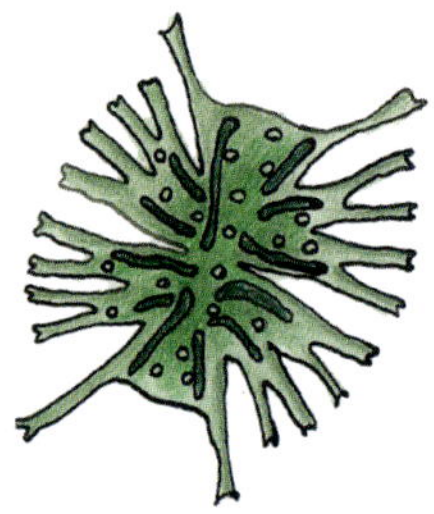

Que cache la mousse ?

À l'intérieur des mousses se développe une microfaune spécifique. Selon l'espèce de mousse et le lieu où elle a été prélevée, différentes espèces d'algues, de ciliés, de rotifères et d'autres êtres vivants s'y côtoient. Prélève de la mousse dans ton jardin, lors d'une balade en forêt ou dans un parc municipal. Compare-les et note les différences. Les amateurs de plancton trouveront également leur bonheur dans le feuillage humide qui s'est amassé dans les gouttières, les abreuvoirs pour oiseaux, les conteneurs d'eau de pluie, les flaques et même les bénitiers des églises.

Poissons et compagnie

Si tu possèdes un aquarium, tu y trouveras de nombreuses formes de vie étonnantes : dans le filtre, les algues du fond et les plantes aquatiques. Si on traite l'aquarium avec un produit anti-algues, tu remarqueras tout de suite une modification de la microfaune. Essaie de faire des prélèvements avant

et après l'ajout de ce produit et compare les échantillons.

Compare la vie microscopique de différents types d'aquariums. Tu peux aussi créer un petit bassin pour y faire prospérer une microfaune et une microflore.

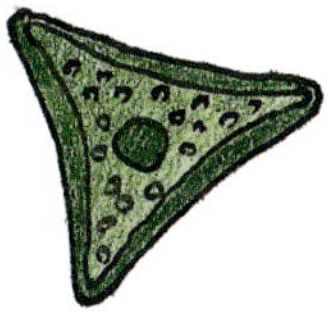

Il est également intéressant de voir si la dureté de l'eau exerce une influence sur la faune. Pour connaître cette dureté, il existe des bandelettes spéciales qui changent de couleur selon la dureté de l'eau. Les spécialistes n'ont pas encore exploré tous les aspects de ce domaine. Si tu veux devenir un expert, c'est maintenant à toi de jouer !

Marais

Les marais sont des espaces vitaux aux caractéristiques bien particulières, possédant une faune et une flore spécifiques, et cela vaut aussi pour leur vie microscopique. Compare tout au long de l'année les occupants de différents espaces marécageux, marais, tourbières et mares. Quelles sont les spécificités des marais de ta région ? Comment réagissent-ils aux assèchements, à l'extraction de la tourbe ou à un éventuel réapprovisionnement en eau ?

Bassin de jardin

Certains propriétaires de jardin aménagent un bassin. Prélève un peu d'eau du bassin et tu pourras réaliser un maximum d'observations microscopiques. Comment évolue le spectre des espèces tout au long de l'année ? Certaines espèces préfèrent la pleine eau, d'autres les berges, les plantes aquatiques, la vase ou même les poissons. La vie aquatique des bassins ombragés est différente de ceux exposés au soleil. De même pour les bassins remplis de feuilles mortes et ceux régulièrement nettoyés. Quelle forme de vie apparaît si tu poses simplement une bâche dans un trou et que tu la remplis d'eau ?

Capturer la poussière

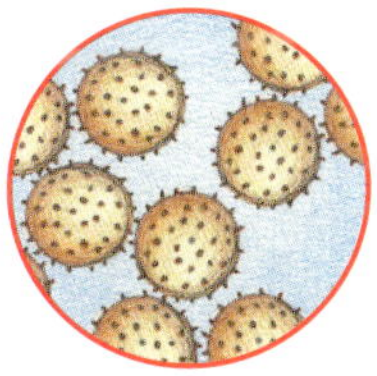

À l'aide de ruban adhésif, tu peux recueillir la poussière suspendue en l'air pour l'observer. En te constituant une série d'échantillons, tu pourras, par exemple, comparer les teneurs en pollen. Comme certaines personnes y sont allergiques, des journaux publient des bulletins d'alerte pour les périodes où les flux de pollen sont importants.

Une affaire de poils

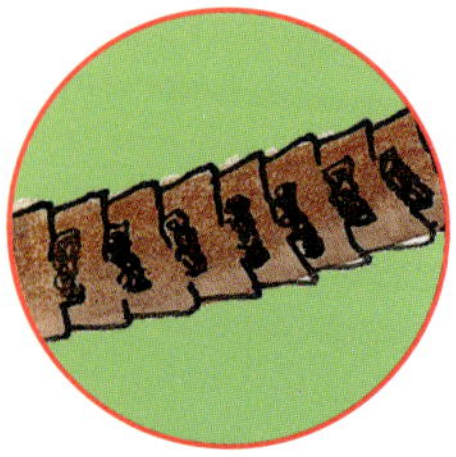

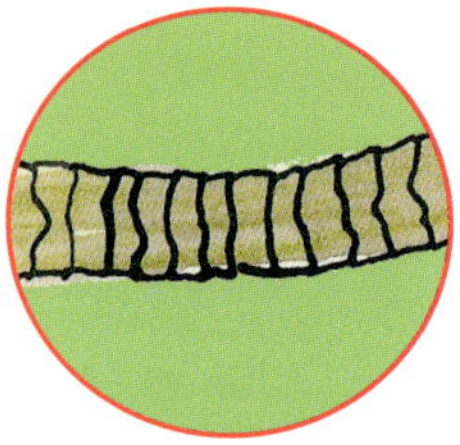

Tu as déjà remarqué que les poils d'animaux étaient très différents les uns des autres. Il serait donc intéressant de faire une étude comparée de poils de différentes races de chiens, de chats, de moutons, de lapins et de chevaux. Si tu vas au zoo, à la ferme ou chez des amis qui ont aussi des animaux domestiques, tu pourras peut-être augmenter le nombre de tes échantillons et comparer tes résultats.

À la plage

Si tu passes tes vacances à la mer, n'oublie pas ton microscope. Explore l'eau en surface, le fond marin, le sable, le varech, les marais salants, les flaques que la marée laisse derrière elle, la végétation sur les rochers immergés et les plantes des zones de ressac. Tous ces lieux te donneront l'occasion de faire des découvertes passionnantes, que tu pourras observer au microscope. Si tu emmènes ton microscope à la plage pour faire les observations sur place, prends-en bien soin pour ne pas l'abîmer.

Le foin et l'herbe

Le bouillon végétal (voir Bouillon de foin, page 14) est la manière la plus simple de se constituer une microfaune à observer au microscope. Le nombre d'êtres vivants y est toujours très important. Compare différents types de bouillons (herbe de différents prés, différentes sortes de feuilles, rondelles de navet, paille, fruits, marc de café ou de thé). Analyse-les aussi à différents moments de la journée : leur composition change-t-elle quand le temps est très chaud ou très froid, par exemple ? Le nombre d'organismes présents change-t-il ? Étudie aussi l'influence de la dureté de l'eau et de l'adjonction de matières telles que du lait, du sucre ou du jus de fruits sur les êtres vivants présents dans le bouillon. Très important : n'effectue qu'un changement à la fois ! Sinon, tu ne pourras pas ensuite déterminer la cause des évolutions observées. Tu peux aussi comparer les différents bouillons selon que l'eau utilisée provient du robinet, d'une mare, d'une flaque ou d'un étang. Au début, prélève un échantillon tous les jours et étudie son évolution, en comptant notamment le nombre d'animaux. Qu'est-ce qui se développe au fil du temps dans un vase de fleurs ? Les espèces de fleurs présentes dans le vase ont-elles une influence ? Certains organismes meurent-ils parce que des produits toxiques ont été utilisés ? L'examen des bouillons végétaux te permettra de faire un grand nombre de découvertes.

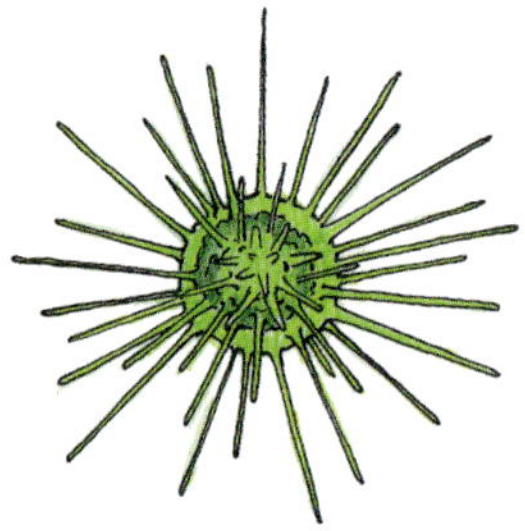

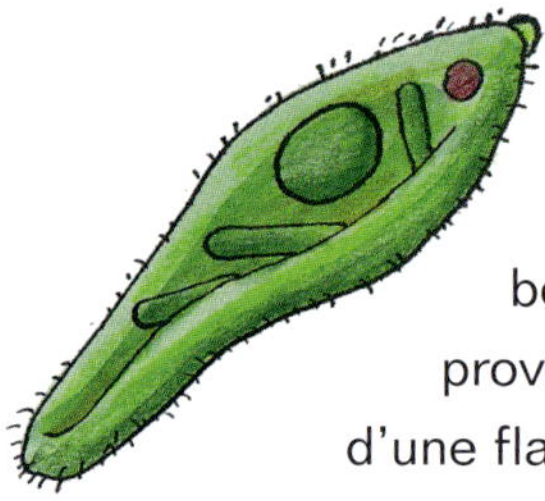

Glossaire

Bactérie
Microorganisme vivant dans le sol, l'eau, les plantes ou la matière organique. Il y a aussi des bactéries dans ton corps.

Binoculaire
C'est un équipement supplémentaire qui permet de regarder dans le microscope avec les deux yeux. Il ménage les yeux, mais ne donne pas (contrairement au microscope stéréoscopique) une image en trois dimensions.

Cellule
Unité de base la plus simple de tout organisme vivant.

Condenseur
C'est un système de lentilles présent dans les meilleurs microscopes. Il est placé sous la platine et améliore l'éclairage de l'objet.

Diaphragme
Il règle l'ouverture par laquelle la lumière entre dans l'objectif. Son réglage permet d'obtenir la meilleure qualité d'image possible. Les microscopes de base ne possèdent qu'une plaque rotative avec différentes tailles de trous. Le diaphragme à iris est préférable, car il permet un réglage plus précis et une meilleurre observation.

Éclairage à fond noir
Procédé d'éclairage qui fait apparaître l'objet en clair sur fond sombre. Dans certains cas, il permet de distinguer des structures qui ne sont pas identifiables avec un éclairage standard.

Éclairage direct
C'est l'éclairage de base en microscopie. La lumière arrive sur l'objet avant de passer par l'objectif. Mais il n'est adapté qu'aux objets translucides.

Éosine
Colorant de couleur rose orangé, très souvent utilisé en microscopie.

Filet à plancton
Filet spécialement conçu pour les minuscules organismes planctoniques. Les mailles sont si petites qu'elles laissent passer l'eau, mais pas les organismes.

Frontale
Ou distance frontale. Distance séparant l'objet observé de la lentille frontale (de tête) de l'objectif.

Grossissement
Capacité d'une loupe ou d'un microscope à agrandir l'image d'un objet observé. Deux points qui, dans la réalité, sont séparés de 1/100 de millimètre auront le même aspect que deux points distants de 2 mm avec un grossissement de 200 fois.

Lamelle couvre-objet
Cette lamelle de verre très fine (0,170 millimètre) sert à recouvrir et à protéger les objets ou particules à observer.

Lentille oculaire
C'est la lentille du haut. Si elle se tache ou si un cil tombe à sa surface, nettoie-la avec un tissu doux (essuie-lunettes).

Lentilles
Elles courbent la lumière. Cette opération permet d'observer de très près l'objet et d'identifier les moindres détails. Selon les propriétés de la lentille (par exemple la courbure), le grossissement sera plus fort. En règle générale, les loupes n'ont qu'une seule lentille et les microscopes plusieurs.

Loupe ou verre grossissant
C'est ainsi qu'on appelle une lentille avec laquelle on peut regarder les objets en plus gros. Le grossissement d'une lentille va de 3 à 25 fois.

Micromètre
1. Unité de mesure : un millionième de mètre (= 1/1000 de millimètre).
2. Plaque transparente graduée permettant de mesurer les objets observés.

Microphotographie
Cliché pris avec un appareil photo intégré au microscope.

Microscope à effet tunnel (STM)
Variante moderne du microscope électronique, qui permet d'agrandir une image des centaines de millions de fois. Il permet même de distinguer les atomes.

Microscope à force atomique (MFA)
À l'aide d'une très fine pointe, il balaie la surface de l'objet. Cette pointe réagit aux forces à l'œuvre sur cette surface. Il permet d'agrandir une image des millions de fois.

Microscope électronique
Il permet des grossissements nettement plus importants que le microscope optique. Il ne travaille pas avec la lumière, mais avec un faisceau d'électrons qui pénètre dans l'objet et transmet une représentation sur un écran. Mais pour cela, l'objet doit être préparé. Les microscopes électroniques sont beaucoup plus chers que les modèles optiques. Le grossissement peut être de 500 000 fois. Le MER en est une variante.

Microscope électronique par réflexion (MER)
Type de microscope électronique. Si dans le microscope électronique à transmission (MET), le faisceau électronique illumine constamment l'objet, ici c'est un faisceau réfléchi qui est détecté à la surface de l'objet. Les électrons libérés en atteignant la surface sont captés par un détecteur qui les rend visibles sur un écran. Les images ainsi obtenues sont de grande qualité.

Microscope inversé
Microscope optique où la source de lumière est placée au-dessus de l'objet à observer et les objectifs en dessous. On utilise surtout ce microscope pour l'observation des cellules en culture in vitro.

Microscope stéréoscopique
Deux objectifs et deux oculaires sont associés pour créer une image en relief. Mais le grossissement se limite à 200 fois.

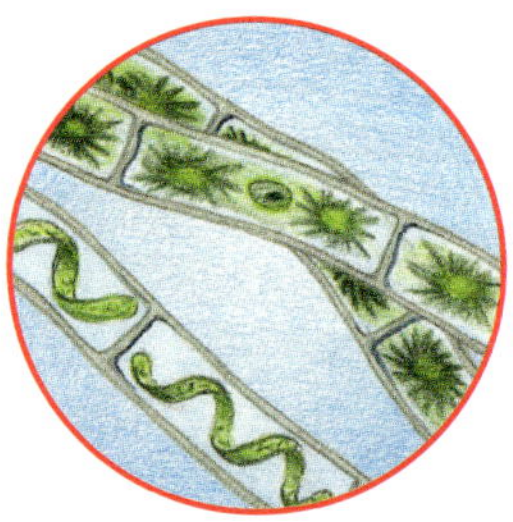

Microscopie photonique
Technique d'observation des objets grâce à un faisceau de photons.

Microtome
Il permet d'obtenir de très fines tranches de matière translucide. Il en existe des manuels et des automatiques.

Mouches volantes
C'est ainsi que l'on appelle le plus souvent les troubles passagers de la vision qui peuvent survenir quand les yeux sont fatigués. Ils se manifestent sous l'aspect de « formes » mouvantes qui traversent le champ de vision.

Objectif
Ensemble de lentilles à travers lesquelles on observe l'objet.

Oculaire
Ensemble de lentilles à travers lequelles se fait l'observation. Il agrandit l'image qui a déjà été agrandie par l'objectif.

Ouverture numérique (o. n.)
Mesure du pouvoir de résolution d'un objectif.

Phagocytose
Processus par lequel certaines cellules englobent des particules ou d'autres cellules, les absorbent et les digèrent.

Pipette
Petit tube muni d'un embout fin avec lequel on peut prélever des échantillons liquides. Il existe des pipettes en verre munies d'un remplisseur en caoutchouc pour aspirer et des pipettes en plastique.

Platine
Surface sur laquelle on pose le porte-objet. Elle comporte un trou en son centre, afin que la lumière puisse traverser le porte-objet, l'objet et la lamelle qui couvre l'objet.

Porte-objet
Plaque de verre rectangulaire sur laquelle on place des objets pour les observer.

Potence
Partie verticale du microscope qui supporte le tube optique. Parfois, la potence a la forme d'une poignée et elle sert alors au transport du microscope.

Pouvoir de résolution
Il s'agit de la capacité d'un objectif à représenter de façon séparée deux structures juxtaposées. Deux trous rapprochés dans une algue formeront une tache indistincte avec un objectif à faible résolution, tandis qu'avec un objectif à résolution élevée les deux trous seront distincts. Mais la résolution fait grimper le prix de l'objectif. Pour juger de la résolution d'un objectif, trouve la valeur de l'ouverture numérique (o. n.), qui, sur les bons objectifs, est gravée à côté du grossissement. Plus cette valeur est importante, mieux c'est. Le pouvoir de résolution est nettement plus important que le grossissement : tiens-en compte lors de l'achat !

Préparation
C'est ainsi qu'on nomme un objet, ou un échantillon, que l'on a modifié en vue d'une observation au microscope. Pour observer, par exemple, un oignon, il faut prélever une très fine portion de peau et la poser avec une goutte entre le porte-objet et la lamelle. D'autres objets, tels que l'amidon de pomme de terre, doivent être teintés pour que les différentes structures soient visibles.

Préparation durable
On l'obtient en incluant la préparation initiale dans un milieu de conservation (par exemple de la glycérine-gélatine).

Prisme
Sur les microscopes à tube oculaire incliné, le prisme dévie le rayon lumineux.

Profondeur de champ
Zone de netteté de l'image microscopique. Elle dépend de la valeur du grossissement de l'objectif.

Projecteur vertical
Il est nécessaire pour l'observation d'objets opaques. Ceux-ci sont éclairés de profil avec une lampe claire.

Revolver multi-objectifs
Tourelle permettant de fixer plusieurs objectifs et de passer facilement de l'un à l'autre. Certains revolvers sont amovibles, permettant de changer de modes d'observation.

Scalpel
Couteau tranchant, muni d'un manche, pour la dissection. Utilisé en biologie et en médecine.

Surplatine
Accessoire permettant de déplacer avec exactitude l'objet sur la platine.

Système à contraste de phase
Combinaison d'objectifs, d'oculaires et de filtres que l'on peut incorporer sous forme d'accessoires dans les bons microscopes. Grâce à ce dispositif, on peut observer des objets très translucides, faibles en contraste, sans avoir à les teinter.

Tube optique
Tube reliant l'objectif à l'oculaire.

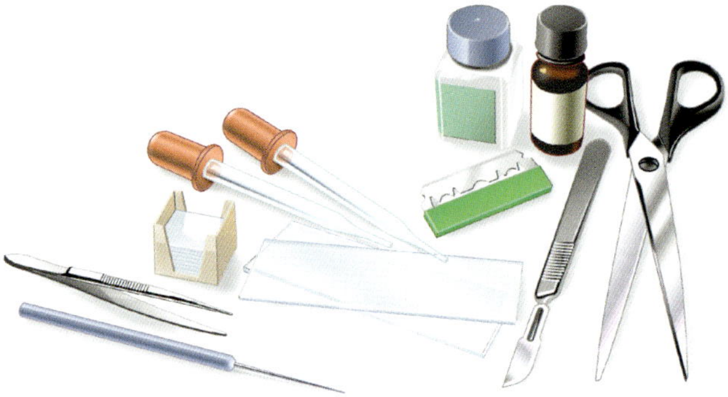

Crédits

Exclusion de responsabilité

Les indications données dans ce livre ont été vérifiées avec soin. Nous vous prions toutefois d'agir avec prudence. L'auteur et l'éditeur déclinent toute responsabilité pour les dommages causés aux personnes ou aux biens, qui auraient été occasionnés à la suite de l'utilisation des matériaux et méthodes décrits.

Avec des illustrations en couleur de Friedrich Werth et des photographies en couleur de Heidi Velten, ainsi que deux clichés au REM de Eye of Science/Reutlingen, un cliché au MET de Bayer AG/Leverkusen et un au RTM d'IBM Deutschland.

Titre de l'édition originale allemande : *Mikroskopieren* (Annerose Bommer)

Cette édition par Chantecler, Belgique-France
Traduction française : Francis Grembert

D-MMXI-0001-310